乡村振兴院士行丛书

丛书主编 邓子新

现代种植新品种

XIANDAI ZHONGZHI XIN PINZHONG

本册主编 熊恒多 李晏斌

长江出版传媒 湖北科学技术出版社

图书在版编目（CIP）数据

现代种植新品种 / 熊恒多 , 李晏斌主编 . —武汉：
湖北科学技术出版社，2023.3
（乡村振兴院士行丛书 / 邓子新主编）
ISBN 978-7-5706-2376-1

Ⅰ . ①现… Ⅱ . ①熊… ②李… Ⅲ . ①作物 – 品种 –
介绍 – 中国 Ⅳ . ① S329.2

中国版本图书馆 CIP 数据核字（2022）第 253506 号

策划编辑：唐　洁　雷霈霓　　　责任校对：罗　萍　袁　媛　郑赵颖
责任编辑：雷霈霓　　　　　　　　封面设计：张子容　胡　博

出版发行：湖北科学技术出版社　　　　　电　　话：027-87679468
地　　址：武汉市雄楚大街 268 号　　　　邮　　编：430070
　　　　　（湖北出版文化城 B 座 13~14 层）
网　　址：www.hbstp.com.cn

印　　刷：湖北新华印务有限公司　　　　邮　　编：430035

787mm×1092mm　　　1/16　　　9 印张　　　　　　160 千字
2023 年 3 月第 1 版　　　　　　　　　　2023 年 3 月第 1 次印刷
　　　　　　　　　　　　　　　　　　　　　定　　价：36.00 元

（本书如有印刷问题，可找市场部更换）

编委会

"乡村振兴院士行丛书"编委会

丛书主编　　邓子新

编委会主任　王玉珍

副主任　　　郑　华　汤吉超　王文高　林处发　吴　艳　王火明　胡雪雁

丛书编委（以姓氏笔画为序）

丁俊平　万元香　王爱民　申衍月　朱伯华　刘　黎　刘　倩

刘万里　刘玉平　阮　征　孙　雪　杜循刚　李桂冬　李晓燕

李晏斌　杨长荣　杨普社　吴三红　汪坤乾　张　凯　张　薇

陈禅友　金　莉　周　亮　姜正军　唐德文　彭竹春　熊恒多

《现代种植新品种》编写名单

本册主编　　　熊恒多　李晏斌

本册副主编　　王孝琴　万元香　申衍月　李桂冬

本册参编人员（以姓氏笔画为序）

王　燕　王书月　毛　静　方林川　邓德红　田　分　乐　衡

匡　晶　吕凤玲　朱　瑶　朱贝贝　朱汉桥　朱永生　汤　谧

孙玉宏　李长林　李文娟　李晓雯　杨　超　杨方文　杨皓琼

束楠楠　张　倩　张　敏　张颖芳　陈旭辉　陈法志　周国林

郑　彬　钟　兰　施先锋　姜梓舟　祝　花　倪杨帆　徐长城

殷新娟　高红霞　黄　薇　黄子新　黄新芳　龚德军　崔登维

章　权　董红霞　韩　天　韩昊男　戢小梅　雷　剑　蔡定军

翟敬华　熊鼎一

总 序
ZONGXU

十里西畴熟稻香，垂垂山果挂青黄。几十年前，绝大多数中国人都在农村，改革开放以后，才从农村大量迁徙到城市，几千年的农耕文化深植于每个中国人的灵魂，可以说中国人的乡愁跟农业情怀密不可分，我和大多数人一样每每梦回都是乡间少年的模样。

四十多年前，我走出房县，到华中农学院（现华中农业大学）求学，之后一直埋头于微观生物的基础研究，带着团队在"高精尖"层次上狂奔，在很多人看不见的领域取得了不少成果和表彰。党的十九大以来，实施乡村振兴战略，成为决胜全面建成小康社会、全面建设社会主义现代化国家的重大历史任务，成为新时代"三农"工作的总抓手。2022年，党的二十大报告又再次提出全面推进乡村振兴，坚持农业农村优先发展，坚持城乡融合发展，加快建设农业强国，扎实推动乡村产业、人才、文化、生态、组织振兴等一系列部署要求。而实现乡村振兴的关键，就在于能有针对性地解决问题。对农业合作社、种植养殖大户等要加大农业新理念、新技术和新应用培训，提升他们科学生产、科学经营的能力；对留守老人、妇女等要加大健康保健、防灾防疫等知识的传播，引导他们更新生活理念，养成健康的生活习惯与生活方式；对农村青少年等要加大科学兴趣的培养，把科学精神贯穿于教育的全链条，为乡村全面振兴提供高素质的人才储备。

所以当2021年有人提议成立农业科普工作室时，我们一拍即合，连续开展了38场农业科普活动，对象涵盖普通农民、农业公司、广大市民、高校师生，发起了赴乡村振兴重点县市的乡村振兴院士行活动。农业科普活动就像星星之火，如何形成燎原之势，让科普活动的后劲更足，还缺乏行之有效的抓手，迫切需要将农业科普活动中发现的疑难点汇集成册，让大家信手翻来。在湖北科学技术出版社的支持下，科普工作室专家将市民、农民、企业深度关注的热点、难点和痛点等知识汇集成册，撰写成了"乡村振兴院士行丛书"。

本丛书重点围绕发展现代农业和大健康卫生事业两方面，对当前农业从业人员和医护人员普遍关注的选种用种、种植业新技术、水产养殖业、畜牧养殖业、农业机械化、农产品质量安全、特色果蔬、中药材种植及粗加工、科学用药理念及农村健康医疗救治体系建设等方面内容，分年度组织专家进行编写。丛书采用分门别类的形式，借助现代多媒体融合技术，进行深入浅出的总结，文字生动、图文并茂、趣味性强，是一套农民和管理干部看得懂、科技人员看得出门路，普适性高、可深可浅的科普读物和参考资料。

"乡村振兴院士行丛书"内容翔实，但仍难免有疏漏和不足之处，恳请各级领导和同行专家提出宝贵意见。

邓子新

2022 年 10 月 26 日

武汉市地处江汉平原东部，两江相汇、湖泊众多，既有旱作也有水田。气候属亚热带季风性湿润气候区，雨量充沛、日照充足，雨热同期、冬冷夏热、四季分明，年活动积温在5000～5300℃，年无霜期达240天，既能达到喜凉作物的条件，也能满足喜热作物的需求，同时作为世界基因库"秦岭"的南向区域，武汉天然物种丰富度可谓是汇聚南北，融贯东西。加之适宜的温湿条件，中国北方凉爽区域选育的品种可引种到武汉，南方高热区域选育出的品种也可在武汉地区推广，在武汉选育的品种向北可推广至东三省，向南可普及至两广、海南，这种两相适宜的自然条件使得武汉成为南北品种的竞技场，不仅激发了本地种业企业的竞争意识，更是引得国内国际种业龙头纷纷入驻武汉。如果说海南凭借8000℃的年积温成为喜热作物的加代南繁中心，那么武汉完全可以凭借南北相继的物种兼容性成为中国腹地喜热喜冷动植物的天然种质资源保存库和南北品种多样性研发展示中心。

党的十九大以来的五年，是极不寻常、极不平凡的五年。五年来，我们深入贯彻习近平新时代中国特色社会主义思想和党的十九大精神，认真落实习近平总书记"下决心把民族种业搞上去"的重要指示精神，进一步增强武汉市种业自主创新能力和综合竞争力，加快推进了武汉市现代种业创新发展，武汉市种业取得新成就。

一是种业科研实力雄厚。武汉市集聚46所涉农高校和科研院所、8个国家重点实验室、11个国家级工程技术中心、5个部级检测中心、7个博士后科研流动站、87个硕士点和54个博士点。云集了全国高水平的种业方面的科技人才，其中本地院士12人，外地院士工作站8个，各类专业技术人才近10万人，人才智力密集程度位居全国前列，具备全国领先的生物育种能力。

二是种业创新成果丰硕。诞生了全球第一张水稻全基因组育种芯片，奠定了两系法杂交水稻技术基础，发现了第一个油菜雄性不育材料、红莲型水稻，育成了全国第一个双低油菜品种、中国第一个抗虫转基因水稻品种、全球第一支试管藕，以及优质柑橘、优质稻、水生蔬菜、淡水鱼、优质瘦肉猪等一批国际国内领先的标志性成果。

三是种质资源得天独厚。已建成国家级种质资源库 5 个，收藏各类植物种质资源 2.5 万余种、10 余万份。设立种质资源保护区 4 个。其中，武汉水生蔬菜资源圃保存从全国 20 多个省份及 10 个国家收集的 12 类水生蔬菜种质资源 2500 余份，是目前世界上保存水生蔬菜种类、资源数量最多、生态型和类型最丰富的水生蔬菜资源圃。

四是种都建设稳步推进。武汉市委、市政府相继出台《"武汉·中国种都"发展规划（2017—2025）》与《市人民政府办公厅关于加快推进全市种业高质量发展的通知》等政策文件。2020 年，以种都建设为支撑的武汉国家现代农业产业科技创新中心获批，武汉·中国种都建设进入国家支持层面。《武汉国家现代农业产业科技创新中心建设推进方案》通过了涉农院士、农业农村部、省农业农村厅、市人民政府及相关单位专家的评审，突出发展生物种业、动物生物制品、生物饲料添加剂等主导产业。武汉国家现代农业产业科技创新中心的建设提速、武汉·中国种都发展将相互促进。

2022 年，党的二十大报告中又再次提出"全面推进乡村振兴，加快建设农业强国，全方位夯实粮食安全根基，深入实施种业振兴行动，强化农业科技和装备支撑，确保中国人的饭碗牢牢端在自己手中"等一系列部署要求，为新征程做好"三农"工作指明了方向路径，对全面推进乡村振兴作出系统部署。

为满足广大群众对实用新品种的需求，引导广大农民选择优良品种，充分发挥科技对于乡村振兴、农业科学发展与农民持续增收的支撑作用，我们组织遴选了 223 个主导品种，现汇编成册，供各级农业部门、农业培训者、农业科技工作者和广大农民朋友结合实际选用。农业生产受诸多因素制约，品种和技术的区域特征明显，要因地制宜进行推广和应用。

编者

2022 年 10 月

目 录

MULU

第三章 果茶作物新品种 / 103

第一章

大田作物新品种

第一节 水稻新品种

一 早稻

1. 珈早 620

审定情况 鄂审稻 20210003。

特征特性 该品种植株较矮，株型适中，分蘖力较强。穗型短粗，着粒较密，谷粒椭圆形，稃尖无色、无芒。区域试验中，株高 81.6cm，每亩（1 亩 ≈ 667m²）有效穗数 22.3 万，穗长 18.5cm，每穗总粒数 133.4 粒，每穗实粒数 108.2 粒，结实率 81.1%，千粒重 23.3g，全生育期约 113 天。中感稻瘟病，感白叶枯病、纹枯病。

品　　质 出糙率 80.1%，整精米率 66.2%，垩白粒率 70%，垩白度 17.3%，直链淀粉含量 21.3%，胶稠度 51mm，碱消值 4.2 级，长宽比 2.2。

产量表现 两年区域试验平均亩产 509.8kg。

适宜区域 适宜湖北省作早稻种植，但稻瘟病常发区、重发区不宜种植。

育 种 者 武汉国英种业有限责任公司。

2. 两优 152

审定情况 国审稻 20196006。

特征特性 籼型两系杂交水稻品种，在长江中下游作双季早稻种植。区域试验中，株高 85cm，每亩有效穗数 22.4 万，穗长 19.4cm，每穗总粒数 126 粒，结实率 82.6%，千粒重 25.1g，全生育期约 110 天。中感稻瘟病，高感白叶枯病，高感白背飞虱。

> **水稻单产**
> 由单位面积有效穗数、每穗实粒数、千粒重三个要素组成。

品　　质 整精米率 57%，垩白粒率 21%，垩白度 6%，直链淀粉含量 19.8%，胶稠度 38mm，长宽比 3.7。

产量表现 两年区域试验平均亩产 539.78kg。

适宜区域 适宜在江西省、湖南省、湖北省、安徽省、浙江省的稻瘟病轻发、双季稻区作早稻种植。

育 种 者 湖北省种子集团有限公司、武汉大学。

3. 两优 576

审定情况 鄂审稻 2019001。

特征特性 该品种株型适中，茎秆较粗。分蘖力较强。叶色浓绿，剑叶短直，叶缘、叶鞘紫色，着粒较密。谷粒长形，稃尖紫色、无芒。区域试验中，株高 87.1cm，每亩有效穗数 23.3 万，穗长 18cm，每穗总粒数 120.4 粒，每穗实粒数 92.7 粒，结实率 77%，千粒重 25.56g，全生育期约 115 天。中感稻瘟病，感纹枯病，高感白叶枯病。

品　　质 出糙率 78.9%，整精米率 56.5%，垩白粒率 35%，垩白度 6.5%，直链淀粉含量 19%，胶稠度 50mm，碱消值 5 级，透明度 1 级，长宽比 3.3。

产量表现　两年区域试验平均亩产 528.92kg。

适宜区域　适宜湖北省作早稻种植，但稻瘟病重发区不宜种植。

育 种 者　湖北省种子集团有限公司。

二　中稻

（一）常规稻

1. 华夏香丝

审定情况　鄂审稻 20210066。

特征特性　早熟籼型中稻品种。该品种株型适中，植株较高。剑叶挺直，稃尖无色、无芒。区域试验中，株高 129cm，每亩有效穗数 22.6 万，穗长 27.2cm，每穗总粒数 161.8 粒，每穗实粒数 131.6 粒，结实率 81.3%，千粒重 24.05g，全生育期约 115 天。中感纹枯病，感白叶枯病，高感稻瘟病。耐热性 3 级，耐冷性 7 级。

> **品种区域试验**
> 通过统一规范的要求进行试验，对新育成的品种的丰产性、适应性、抗逆性和品质进行全面的鉴定。

品　　质　出糙率 79%，整精米率 61.5%，垩白粒率 7%，垩白度 1.2%，直链淀粉含量 15.3%，胶稠度 75mm，碱消值 6.4 级，透明度 2 级，长宽比 3.6。达到农业行业《食用稻品种品质》标准二级。

产量表现　两年区域试验平均亩产 614.36kg。

适宜区域　适宜湖北省鄂西南以外稻瘟病无病或轻发区作中稻种植。

育 种 者　湖北华之夏种子有限责任公司、湖北省农业科学院粮食作物研究所。

荣　　誉　荣获 2022 中国国际绿色食品产业博览会稻米品评品鉴金奖，连续两届荣获武汉"江城优米"金奖。

2. 美扬占

审定情况　鄂审稻 20210068。

特征特性　该品种株型适中，性状整齐。剑叶挺直，秫尖无色、无芒。区域试验中，株高 106.2cm，每亩有效穗数 23.1 万，穗长 25.4cm，每穗总粒数 160.2 粒，每穗实粒数 130.4 粒，结实率 81.4%，千粒重 22.54g，全生育期约 119 天。中抗稻瘟病，中感白叶枯病、纹枯病、稻曲病。耐热性 1 级，耐冷性 5 级。

品　　质　出糙率 79%，整精米率 65.3%，垩白粒率 9%，垩白度 2.2%，直链淀粉含量 16.8%，胶稠度 66mm，碱消值 6.5 级，透明度 1 级，长宽比 3.2。主要理化指标达到农业行业《食用稻品种品质》标准二级。

产量表现　两年区域试验平均亩产 610.06kg。

适宜区域　适宜湖北省鄂西南以外地区作早熟中稻种植。

育　种　者　武汉惠华三农种业有限公司。

荣　　誉　荣获武汉首届"江城优米"金奖。

3. 利丰占

审定情况 鄂审稻 20210036。

特征特性 早熟籼型中稻品种。该品种株型适中，分蘖力强，生长势旺。叶色绿，剑叶中长、较宽、直立。穗层整齐，谷粒长形，稃尖无色、无芒，后期熟相好。区域试验中，株高 113.4cm，每亩有效穗数 23.5 万，穗长 22cm，每穗总粒数 143.6 粒，每穗实粒数 125.6 粒，结实率 87.4%，千粒重 22.78g，全生育期约 115 天。病害鉴定为稻瘟病综合指数 2.9，中抗稻瘟病，中感白叶枯病、纹枯病、稻曲病。耐热性 1 级，耐冷性 5 级。

> **分蘖**
> 禾本科等植物在地面以下或近地面处所发生的分枝，产生于比较膨大而贮有丰富养料的分蘖节上。

品　　质 出糙率 81.1%，整精米率 69.5%，垩白粒率 5%，垩白度 0.9%，直链淀粉含量 14.6%，胶稠度 70mm，碱消值 6.7 级，透明度 1 级，长宽比 3.4。达到农业行业《食用稻品种品质》标准一级。

产量表现 两年区域试验平均亩产 612.06kg。

适宜区域 适宜湖北省鄂西南以外地区作中稻种植。

育　种　者 湖北利众种业科技有限公司。

4. 华珍 115

审定情况 鄂审稻 20216002。

特征特性 早熟籼型中稻品种。该品种株型适中，分蘖力较强，生长势较旺。叶色绿，剑叶较长、中宽、直立。穗层整齐，谷粒长形，稃尖无色、无芒。区域试验中，株高 110cm，每亩有效穗数 24.2 万，穗长 23.5cm，每穗总粒数

145.5 粒，每穗实粒数 126 粒，结实率 86.6%，千粒重 23.67g。全生育期约 114 天。中感白叶枯病、纹枯病，高感稻瘟病。耐热性 3 级，耐冷性 3 级。

品　　质　　出糙率 81.1%，整精米率 54.3%，垩白粒率 10%，垩白度 2.3%，直链淀粉含量 16.2%，胶稠度 60mm，碱消值 6.4 级，透明度 1 级，长宽比 3.8。达到农业行业《食用稻品种品质》标准三级。

产量表现　　两年区域试验平均亩产 616.77kg。

适宜区域　　适宜湖北省鄂西南以外地区作早熟中稻种植，但稻瘟病常发区、重发区不宜种植。

育 种 者　　湖北省种子集团有限公司。

5. 福稻 299

审定情况　　鄂审稻 20210035。

特征特性　　早熟籼型中稻品种。该品种株型适中，分蘖力较强，生长势一般。叶色绿，剑叶中长、较宽、直立。穗层整齐，谷粒长形，稃尖无色，后期熟相好。区域试验中，株高 110.1cm，每亩有效穗数 23.8 万，穗长 22.1cm，每穗总粒数 149.3 粒，每穗实粒数 129.9 粒，结实率 87%，千粒重 22.11g，全生育期约 113 天。中抗稻瘟病、纹枯病，中感白叶枯病、稻曲病。耐热性 3 级，耐冷性 5 级。

品　　质　　出糙率 79.1%，整精米率 65.8%，垩白粒率 12%，垩白度 2.4%，直链淀粉含量 14.3%，胶稠度 70mm，碱消值 6.7 级，透明度 1 级，长宽比 3.3。

达到农业行业《食用稻品种品质》标准二级。

产量表现　两年区域试验平均亩产 622.94kg。

适宜区域　适宜湖北省鄂西南以外地区作中稻种植。

育　种　者　武汉隆福康农业发展有限公司。

6. 虾稻 1 号

审定情况　鄂审稻 20200044。

特征特性　该品种株型适中，分蘖力较强，生长势中等。叶色绿，剑叶挺直、较长。谷粒细长，稃尖无色、无芒，后期熟相好。区域试验中，株高 113.4cm，每亩有效穗数 21.5 万，穗长 25.2cm，每穗总粒数 133 粒，每穗实粒数 108.3 粒，结实率 81.4%，千粒重 26.17g，全生育期约 121 天。中抗稻瘟病，中感纹枯病，感白叶枯病。耐热性 5 级，耐冷性 5 级。

> **全生育期**
> 作物自播种（或出苗）到成熟所需要的天数，即整个生育期所经历的时间。

品　　质　出糙率 77%，整精米率 57.9%，垩白粒率 13%，垩白度 3.3%，直链淀粉含量 16.5%，胶稠度 64mm，碱消值 5 级，透明度 1 级，长宽比 3.9。达到农业行业《食用稻品种品质》标准三级。

产量表现　两年区域试验平均亩产 558.58kg。

适宜区域　适宜湖北省鄂西南以外地区作中稻种植。

育　种　者　湖北省农业科学院粮食作物研究所、中垦锦绣华农武汉科技有限公司、潜江市农业农村局。

（二）杂交稻

1. 红香优丝苗

审定情况 鄂审稻20200074。

特征特性 该品种株型适中，植株较矮。剑叶较长、斜挺。穗层整齐，中穗型，稃尖无色、无芒。区域试验中，株高107.8cm，每亩有效穗数25.4万，穗长23.6cm，每穗总粒数155粒，每穗实粒数130.7粒，结实率84.3%，千粒重24.55g，全生育期约111天。抗稻瘟病，中感白叶枯病、纹枯病、稻曲病。耐热性3级，耐冷性5级。

> **株高**
> 茎秆基部到穗顶部的高度。

品　　质 出糙率79.8%，整精米率62.2%，垩白粒率11%，垩白度2%，直链淀粉含量19.5%，胶稠度50mm，碱消值5.3级，透明度1级，长宽比3.3。达到农业行业《食用稻品种品质》标准三级。

产量表现 两年区域试验平均亩产669.32kg。

适宜区域 适宜湖北省鄂西南以外地区作早熟中稻种植。

育 种 者 湖北中香农业科技股份有限公司。

荣　　誉 荣获武汉首届"江城优米"金奖。

2. 龙两优月牙丝苗

审定情况 国审稻20200187。

特征特性 籼型两系杂交水稻品种，在长江中下游作一季中稻种植。区域试验中，株高124.7cm，每亩有效穗数18.2万，穗长26.5cm，每穗总粒数205.2粒，结实率84%，千粒重23.8g，全生育期约131天。中感白叶枯病，感稻瘟病，高感褐飞虱。抽穗期耐热性较弱。

> **有效穗**
> 水稻每穗结实粒在5粒以上称有效穗。

品　　质　整精米率 57.3%，垩白度 2.2%，直链淀粉含量 17%，胶稠度 74mm，碱消值 7 级，长宽比 4.4。达到农业行业《食用稻品种品质》标准二级。

产量表现　两年区域试验平均亩产 659.5kg。

适宜区域　适宜在湖北省（武陵山区除外）、湖南省（武陵山区除外）、江西省、安徽省、江苏省的长江流域稻区，以及浙江省中稻区、福建省北部稻区、河南省南部稻区的稻瘟病轻发区作一季中稻种植。稻瘟病重发区不宜种植。

育 种 者　垦丰长江种业科技有限公司。

荣　　誉　荣获武汉首届"江城优米"金奖。

3. 邦两优香占

审定情况　国审稻 20210076；桂审稻 2021122。

特征特性　在长江中下游作一季中稻种植。区域试验中，株高 114.1cm，每亩有效穗数 16.8 万，穗长 23.8cm，每穗总粒数 195 粒，结实率 79.8%，千粒重 23.2g，全生育期约 154 天。感稻瘟病，高感褐飞虱。抽穗期耐热性一般，耐冷性一般。

> **稻米品质**
> 从稻谷生产到加工成直接消费品的全部过程中，作为粮食或商品的各种特性。

品　　质　整精米率 59%，垩白度 2.9%，直链淀粉含量 14.2%，胶稠度 66mm，碱消值 6.1 级，长宽比 4.4。达到农业行业《食用稻品种品质》标准二级。

产量表现　两年区域试验平均亩产 591.27kg。

适宜区域　适宜在四川省平坝丘陵稻区、贵州省（武陵山区除外）、云南省的中低海拔籼稻区、重庆市（武陵山区除外）海拔 800m 以下地区、陕西省南部稻区的稻瘟病轻发区作一季中稻种植，稻瘟病重发区不宜种植。适宜在湖北省（武陵山区除外）、湖南省（武陵山区除外）、江西省、安徽省、江苏省的长江流域稻区，以及浙江省中稻区、福建省北部稻区、河南省南部稻区的稻瘟病轻发区作一季中稻种植。适宜在桂南、桂中稻区作早稻和晚稻，桂北稻区作早稻和中稻，高寒山区作中稻种植。

育 种 者　广西兆和种业有限公司、广西壮邦种业有限公司。

荣　　誉　连续两届荣获武汉"江城优米"金奖。

4. 华两优 2882

审定情况　鄂审稻 20200048。

特征特性　该品种株型适中，性状整齐。剑叶挺直、较长，秆尖无色、无芒，后期转色较好。区域试验中，株高 131.4cm，每亩有效穗数 17.3 万，穗长 27.1cm，每穗总粒数 177.9 粒，每穗实粒数 150.4 粒，结实率 84.5%，千粒重 28.04g，全生育期约 133 天。中抗稻瘟病、白叶枯病，感纹枯病。耐热性 3 级，耐冷性 3 级。

品　　质　出糙率 80.6%，整精米率 65.6%，垩白粒率 12%，垩白度 2.7%，直链淀粉含量 14.2%，胶稠度 77mm，碱消值 6 级，透明度 1 级，长宽比 3。主要理化指标达到农业行业《食用稻品种品质》标准二级。

产量表现　两年区域试验平均亩产 676.82kg。

适宜区域　适宜湖北省鄂西南以外地区作中稻种植。

育 种 者　武汉弘耕种业有限公司、华中农业大学。

5. 两优 1314

审定情况　国审稻 20210146。

特征特性　籼型两系杂交水稻品种，在长江中下游作一季中稻种植。区域试验中，株高 125.6cm，每亩有效穗数 17.5 万，穗长 25.1cm，每穗总粒数 163.4 粒，结实率 88.2%，千粒重 27.9g，全生育期约 134 天。中感白叶枯病，感褐飞虱，高感稻瘟病。抽穗期耐热性强。

品　　质　整精米率 59.5%，垩白度 0.6%，直链淀粉含量 15.1%，胶稠度 78mm，碱消值 6.6 级，长宽比 3.2。达到农业行业《食用稻品种品质》标准二级。

产量表现　两年区域试验平均亩产 645.24kg。

适宜区域　适宜在湖北省（武陵山区除外）、湖南省（武陵山区除外）、江西省、安徽省、江苏省的长江流域稻区，以及浙江省中稻区、福建省北部稻区、河南省南部稻区的稻瘟病轻发区作一季中稻种植。稻瘟病重发区不宜种植。

育 种 者　武汉大学。

6. E 两优 1453

审定情况　鄂审稻 2019011；国审稻 20200018。

特征特性　籼型两系杂交水稻品种，在长江中下游作一季中稻种植。区域试验中，株高 127.3cm，每亩有效穗数 15.9 万，穗长 26.3cm，每穗总粒数 169.7 粒，结实率 82.3%，千粒重 29.9g，全生育期约 135 天。中抗稻瘟病、白叶枯病，中感褐飞虱。耐热性 1 级，耐冷性 5 级。

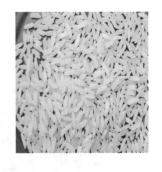

品　　质　整精米率 55.8%，垩白度 2.4%，直链淀粉含量 15.4%，胶稠度 73mm，碱消值 6.4 级，长宽比 3.2。达到农业行业《食用稻品种品质》标准二级。

产量表现　两年区域试验平均亩产 602.44kg。

适宜区域　适宜在湖北省（武陵山区除外）、湖南省（武陵山区除外）、江西省、安徽省、江苏省的长江流域稻区，以及浙江省中稻区、福建省北部稻区、河南省南部稻区作一季中稻种植。

育种者　武汉隆福康农业发展有限公司、湖北省农业科学院粮食作物研究所。

7. 深两优 811

审定情况　国审稻 20210182。

特征特性　籼型两系杂交水稻品种，在长江中下游作一季中稻种植。区域试验中，株高 124.8cm，每亩有效穗数 13.7 万，穗长 26.8cm，每穗总粒数 236.6 粒，结实率 87.8%，千粒重 26.3g，全生育期约 131 天。感稻瘟病，高感白叶枯病，高感褐飞虱。抽穗期耐热性较强。

> **精米率**
> 精米占稻谷的比值，相同的稻谷碾出精米的重量不一样，一般精米越多，经济价值越高。

品　质　整精米率 64%，垩白度 2.3%，直链淀粉含量 16.4%，胶稠度 60mm，碱消值 7 级，长宽比 3.1。达到农业行业《食用稻品种品质》标准二级。

产量表现　两年区域试验平均亩产 658.17kg。

适宜区域　适宜在湖北省（武陵山区除外）、湖南省（武陵山区除外）、江西省、安徽省、江苏省的长江流域稻区，以及浙江省中稻区、福建省北部稻区、河南省南部稻区的稻瘟病轻发区作一季中稻种植。稻瘟病重发区不宜种植。

育种者　武汉国英种业有限责任公司、四川泰隆汇智生物科技有限公司、国家杂交水稻工程技术研究中心清华深圳龙岗研究所。

8. 荃优全赢丝苗

审定情况 国审稻 20200211。

特征特性 籼型三系杂交水稻品种，在长江中下游作一季中稻种植。区域试验中，株高 122.6cm，每亩有效穗数 15.9 万，穗长 26.5cm，每穗总粒数 214.2 粒，结实率 85%，千粒重 25.1g，全生育期约 133 天。中抗稻瘟病，中感白叶枯病，高感褐飞虱。抽穗期耐热性较强。

品　　质 整精米率 56.4%，垩白度 2.9%，直链淀粉含量 15.7%，胶稠度 73mm，碱消值 6.1 级，长宽比 3.2。达到农业行业《食用稻品种品质》标准二级。

产量表现 两年区域试验平均亩产 676.81kg。

适宜区域 适宜在湖北省（武陵山区除外）、湖南省（武陵山区除外）、江西省、安徽省、江苏省的长江流域稻区，以及浙江省中稻区、福建省北部稻区、河南省南部稻区作一季中稻种植。

育　种　者 湖北荃银高科种业有限公司、安徽荃银高科种业股份有限公司。

9. 华香优 228

审定情况 鄂审稻 20210078。

特征特性 早熟籼型中稻品种。该品种株型适中，分蘖力强，生长势旺。剑叶较长、中宽、直立。穗层较整齐，谷粒长形，稃尖无色、无芒，后期熟相好。区域试验中，株高 124cm，每亩有效穗数 19 万，穗长 24.7cm，每穗总粒数 192 粒，每穗实粒数 169.1 粒，结实率 88.1%，千粒重 21.5g，全生育期约 116 天。中抗稻瘟病，感白叶枯病、纹枯病。耐热性 3 级，耐冷性 7 级。

品　　质　　出糙率 79.1%，整精米率 62.6%，垩白粒率 14%，垩白度 2.9%，直链淀粉含量 16.3%，胶稠度 62mm，碱消值 6.5 级，透明度 1 级，长宽比 3.5。达到农业行业《食用稻品种品质》标准二级。

产量表现　　两年区域试验平均亩产 660.48kg。

适宜区域　　适宜湖北省鄂西南以外地区作虾稻种植。

育　种　者　　中垦锦绣华农武汉科技有限公司、中国水稻研究所、浙江勿忘农种业股份有限公司、湖北省农业科学院粮食作物研究所。

10. 魅两优 601

审定情况　　鄂审稻 20200070。

特征特性　　该品种株型适中，植株较矮，生长势较旺。剑叶挺直、较长。穗层整齐，中穗型，谷粒长形，稃尖无色、有短芒。区域试验中，株高 109.3cm，每亩有效穗数 25.3 万，穗长 24.9cm，每穗总粒数 156.2 粒，每穗实粒数 129.9 粒，结实率 83.2%，千粒重 24.33g，全生育期约 113 天。中抗稻瘟病，中感白叶枯病、稻曲病，感纹枯病。耐热性 3 级，耐冷性 3 级。

> **垩白**
> 　稻米中由于淀粉充实度不够而出现的白色不透明部分。垩白性状主要指垩白的大小，一般由垩白度和垩白粒率表示。

品　　质　　出糙率 79.8%，整精米率 63.2%，垩白粒率 22%，垩白度 4.2%，直链淀粉含量 20.8%，胶稠度 50mm，碱消值 6.8 级，透明度 1 级，长宽比 3.5。达到农业行业《食用稻品种品质》标准三级。

产量表现　　两年区域试验平均亩产 651.27kg。

适宜区域　　适宜湖北省鄂西南以外地区作早熟中稻种植。

育 种 者 湖北华之夏种子有限责任公司、湖北省农业科学院粮食作物研究所。

11. 荃优粤农丝苗

审定情况 国审稻 20186101；桂审稻 2020082。

特征特性 籼型三系杂交水稻品种，在长江中下游作一季中稻种植。区域试验中，株高 121.9cm，每亩有效穗数 16 万，穗长 25.5cm，每穗总粒数 190 粒，结实率 85.5%，千粒重 26.8g，全生育期约 133 天。感稻瘟病、白叶枯病，高感褐飞虱。抽穗期耐热性较强。

品 质 整精米率 65.2%，垩白粒率 18%，垩白度 4.7%，直链淀粉含量 15.2%，胶稠度 79mm，长宽比 3.1。达到农业行业《食用稻品种品质》标准三级。

产量表现 两年区域试验平均亩产 641.69kg。

适宜区域 适宜在湖北省（武陵山区除外）、湖南省（武陵山区除外）、江西省、安徽省、江苏省的长江流域稻区，以及浙江省中稻区、福建省北部稻区、河南省南部稻区的稻瘟病轻发区作一季中稻种植。适宜在桂南稻区作早稻和晚稻，桂中和桂北稻区作早稻和中稻，高寒山区作中稻种植。稻瘟病重发区不宜种植。

育 种 者 北京金色农华种业科技股份有限公司、安徽荃银高科种业股份有限公司、广东省农业科学院水稻研究所。

三 晚稻

1. 鄂香 2 号

审定情况 鄂审稻 2018038。

特征特性 该品种株型适中，植株较矮，分蘖力较强。剑叶中长、直立。穗层较整齐，小穗型，着粒均匀，千粒重较大。谷粒长形，颖壳淡褐色，茸毛较多，稃尖紫色，部分谷粒有短芒。区域试验中，株高 84.8cm，每亩有效穗数 23.1 万，穗长 17.3cm，每穗总粒数 96.5 粒，每穗实粒数 79.3 粒，结实率 82.2%，千粒重 29.66g，全生育期约 121 天。中抗稻瘟病，感纹枯病、稻曲病，高感白叶枯病。

> **稻米品质判断**
> 在我国现行标准中采用的各项品质指标中，糙米率、整精米率、碱消值、胶稠度的数值越高，稻米的品质越好；垩白粒率、垩白度与透明度的数值越低，稻米的品质越好；直链淀粉含量数值越适中，稻米的品质越好；蛋白质含量数值越高，营养品质越好，但高蛋白质含量的稻米，食味会受到影响。

品　　质 出糙率 82.6%，整精米率 66.3%，垩白粒率 14%，垩白度 2.4%，直链淀粉含量 16.3%，胶稠度 60mm，长宽比 3.2。主要理化指标达到国标二级优质稻谷标准。

产量表现 两年区域试验平均亩产 447.45kg。

适宜区域 适宜湖北省作晚稻种植，但白叶枯病和稻曲病常发区、重发区不宜种植。

育 种 者 湖北中香农业科技股份有限公司、孝感市孝南区农业科学研究所、湖北省农业科学院粮食作物研究所。

2. 泰优 068

审定情况　国审稻 20190135；湘审稻 20190071。

特征特性　籼型三系杂交水稻品种，在长江中下游作晚稻种植。区域试验中，株高 110.1cm，每亩有效穗数 22.1 万，穗长 23cm，每穗总粒数 146 粒，结实率 80.1%，千粒重 24.3g，全生育期约 121 天。中感白叶枯病，感稻瘟病、褐飞虱，耐冷性较弱。

品　　质　整精米率 52.3%，垩白粒率 13%，垩白度 3.8%，直链淀粉含量 14.4%，胶稠度 70mm，长宽比 4.1。主要理化指标达到农业行业《食用稻品种品质》标准三级。

产量表现　两年区域试验平均亩产 595kg。

适宜区域　适宜在湖北省、湖南省、江西省、安徽省、浙江省的双季稻稻瘟病轻发区作晚稻种植。稻瘟病重发区不宜种植，栽培期间注意稻瘟病等各种病虫害防治。

育 种 者　湖北康农种业股份有限公司、湖南谷得乐农业科技有限公司、广东省农业科学院水稻研究所、江西现代种业股份有限公司。

荣　　誉　荣获第二届武汉"江城优米"金奖。

3. 源稻 19

审定情况　鄂审稻 20210088；蒙审稻 2021001。

特征特性　该品种谷粒细长，适应性广，品质优，口感佳。株叶形态好，秆尖无色，后期熟相好。区域试验中，株高 112.2cm，每亩有效穗数 18.8 万，穗长 23.7cm，每穗总粒数 164.8 粒，每穗实粒数 135 粒，结实率 81.9%，千粒重 27.09g，全生育期约 119 天。中感白叶枯病、纹枯病，高感稻瘟病。耐冷性 3 级。

品　　质　出糙率 78.1%，整精米率 55.8%，垩白粒率 8%，垩白度 1.6%，直链淀粉含量16.7%，胶稠度58mm，碱消值6.8级，透明度1级，长宽比3.7。达到农业行业《食用稻品种品质》标准三级。

产量表现　两年区域试验平均亩产625kg。

适宜区域　适宜湖北省鄂西南以外地区作中稻或一级晚稻种植。适宜在内蒙古自治区出苗至成熟≥10℃活动积温2750℃以上地区种植。

育 种 者　武汉武大天源生物科技股份有限公司。

荣　　誉　荣获第二届武汉"江城优米"金奖。

四 特色稻

1. 红糯优36（糯稻）

审定情况　鄂审稻2018013。

特征特性　该品种株型、株高适中，分蘖力中等，生长势较旺。叶色浓绿，剑叶略长、直挺、内卷。穗层整齐，大穗型，穗颈节较短，着粒较密。谷粒长形，稃尖无色、无芒，后期熟相好。区域试验中，株高119.8cm，每亩有效穗数17.7万，穗长24cm，每穗总粒数183.1粒，每穗实粒数149.1粒，结实率81.4%，千粒重25.54g，全生育期约143天。中感纹枯病，感稻曲病、白叶枯病，高感稻瘟病。

> **稻瘟病**
> 又名稻热病、火烧瘟、叩头瘟等，是由稻瘟病原菌引起的、发生在水稻的一种病害。

品　　质　出糙率78.6%，整精米率67.9%，直链淀粉含量1.7%，胶稠度100mm，长宽比3.3。主要理化指标达到国标优质糯谷质量标准。

产量表现　两年区域试验平均亩产617.38kg。

适宜区域　适宜孝感市糯稻产区作中稻种植，但稻瘟病常发区、重发区不宜种植。

育　种　者　孝感市农业科学院、湖北中香农业科技股份有限公司、孝感市孝南区农业科学研究所、湖北工程学院农学院。

2. 红糯优 1 号（糯稻）

审定情况　鄂审稻 2019028。

特征特性　该品种株型适中，分蘖力中等，生长势旺。叶色适中，剑叶直立。穗层整齐，大穗型，谷粒长形，稃尖无色，极少短顶芒。区域试验中，株高 132.2cm，每亩有效穗数 16.6 万，穗长 25.2cm，每穗总粒数 183.1 粒，每穗实粒数 149.4 粒，结实率 81.6%，千粒重 26.09g，全生育期约 134 天。中感纹枯病，感稻瘟病、白叶枯病、稻曲病。耐热性 3 级，耐冷性 5 级。

品　　　质　出糙率 79.1%，整精米率 62.8%，阴糯米率 0.5%，直链淀粉含量 1.5%，胶稠度 100mm，碱消值 6 级，透明度 1 级，长宽比 3.3。主要理化指标达到国标优质糯谷标准。

产量表现　两年区域试验平均亩产 601.48kg。

适宜区域　适宜湖北省江汉平原、鄂东南地区作中稻种植，但稻曲病常发区、重发区不宜种植。

育　种　者　湖北中香农业科技股份有限公司、孝感市孝南区农业科学研究所、孝感市农业科学院。

3. 节优 804（节水稻）

审定情况 鄂审稻 20200080。

特征特性 该品种株型适中，植株较高，分蘖力较强，生长势旺。剑叶挺直。穗层整齐，中穗型，秆尖无色、无芒。区域试验中，株高 121cm，每亩有效穗数 20.3 万，穗长 24.9cm，每穗总粒数 175.1 粒，每穗实粒数 149.3 粒，结实率 85.3%，千粒重 26.14g，全生育期约 114 天。中抗稻瘟病，中感纹枯病，高感白叶枯病。耐热性 5 级，耐冷性 3 级。耐旱性鉴定为中抗。

品　　质 出糙率 78.8%，整精米率 58.7%，垩白粒率 22%，垩白度 6%，直链淀粉含量 20.9%，胶稠度 30mm，碱消值 6.3 级，透明度 1 级，长宽比 3.1。

产量表现 两年区域试验平均亩产 634.31kg。

适宜区域 适宜湖北省鄂西南以外地区作节水耐旱稻种植。

育　种　者 黄冈市农业科学院、湖北农益生物科技有限公司、上海市农业生物基因中心、湖北省农业科学院粮食作物研究所。

4. 旱优 8200（节水稻）

审定情况 鄂审稻 20210073。

特征特性 中熟籼型中稻品种。该品种株型适中。剑叶较长、较宽。大穗型，谷粒长形，秆尖无色、无芒。区域试验中，株高 118.9cm，每亩有效穗数 17.9 万，穗长 24.8cm，每穗总粒数 180.3 粒，每穗实粒数 151.2 粒，结实率 83.9%，千粒重 27.04g，全生育期约 121 天。中抗稻瘟病，抗白叶枯病，

白叶枯病

主要发生于叶片及叶鞘上。初起在叶缘产生半透明黄色小斑，以后沿叶缘一侧、两侧或沿中脉发展成波纹状的黄绿或灰绿色病斑，病部与健部分界线明显，数日后病斑转为灰白色，并向内卷曲，远望一片枯槁色，故称白叶枯病。

中感稻曲病，感纹枯病。耐热性1级，耐冷性5级。抗旱性鉴定为中抗。

品　　质　出糙率79%，整精米率60.9%，垩白粒率10%，垩白度2.1%，直链淀粉含量16.5%，胶稠度60mm，碱消值6级，透明度2级，长宽比3.2。标达到农业行业《食用稻品种品质》标准二级。

产量表现　两年区域试验平均亩产658.55kg。

适宜区域　适宜湖北省鄂西南以外地区作节水耐旱稻种植。

育　种　者　中垦锦绣华农武汉科技有限公司、上海市农业生物基因中心。

5. 圳优6377（再生稻）

审定情况　鄂审稻20206003；国审稻20216029。

特征特性　该品种株型适中，分蘖力较强，生长势较旺。叶色绿，剑叶较长、直立。穗层较整齐，大穗型，谷粒长形，稃尖无色，有短顶芒。区域试验中，株高131.8cm，每亩有效穗数21.7万，穗长27.3cm，每穗总粒数181.1粒，每穗实粒数146.9粒，结实率81.1%，千粒重24.23g，全生育期约114天。中抗稻瘟病，中感纹枯病，感白叶枯病。耐热性3级，耐冷性7级。

品　　质　出糙率80.2%，整精米率62.8%，垩白粒率22%，垩白度4.8%，直链淀粉含量14.3%，胶稠度70mm，碱消值6.7级，透明度2级，长宽比3.5。达到农业行业《食用稻品种品质》标准三级。

产量表现　两年区域试验两季平均总产量681.72kg。

适宜区域　适宜湖北省鄂西南以外地区作早熟中稻种植。适宜在四川省平坝丘陵稻区、贵州省（武陵山区除外）、云南省的中低海拔籼稻区、重庆市（武陵山区除外）海拔800m以下地区、陕西省南部稻区的稻瘟病轻发区作一季中稻种植。稻瘟病重发区不宜种植。

育 种 者　湖北省种子集团有限公司、深圳市兆农农业科技有限公司。

6. 秧菻 2 号（再生稻）

审定情况　鄂审稻 20210090。

特征特性　中熟籼型中稻品种。该品种株型紧凑, 植株矮壮。剑叶较长、中宽。着粒均匀, 谷粒长形, 稃尖无色、无芒。再生性好, 后期熟相较好。区域试验中, 株高 109.9cm, 每亩有效穗数 18.9 万, 穗长 23.7cm, 每穗总粒数 154.4 粒, 每穗实粒数 125 粒, 结实率 81%, 千粒重 25.19g, 全生育期约 203 天。中抗纹枯病, 抗稻瘟病, 中感白叶枯病。耐热性 1 级, 耐冷性 3 级。

> **纹枯病**
>
> 是由立枯丝核菌侵染引起的一种真菌病害。这是水稻发生最为普遍的病害之一, 一般早稻的受害程度重于晚稻, 往往造成谷粒不饱满, 空壳率增加, 严重的可引起植株倒伏枯死。

品　　质　出糙率 77.4%, 整精米率 54.3%, 垩白粒率 20%, 垩白度 4%, 直链淀粉含量 19%, 胶稠度 50mm, 碱消值 6.9 级, 透明度 1 级, 长宽比 3.7。达到农业行业《食用稻品种品质》标准三级。

产量表现　两年区域试验两季平均总产量 877.71kg。

适宜区域　适宜湖北省鄂东南、江汉平原稻区作再生稻种植。

育 种 者　湖北华之夏种子责任有限公司、深圳市金谷美香实业有限公司、湖北省农业科学院粮食作物研究所、湖北格利因生物科技有限公司。

第二节　小麦新品种

1. 鄂麦 006

审定情况　鄂审麦 2017002。

特征特性　半冬偏春性品种。该品种株型较紧凑，幼苗生长半匍匐，分蘖力中等。茎秆蜡粉较轻，穗下节间长度中等。叶色深绿，旗叶较长、半上举。穗层较整齐，穗纺锤形，小穗着生密度中等，长芒，白壳，籽粒白皮，熟相较好。区域试验中，株高 83.6cm，每亩有效穗数 30.4 万，每穗实粒数 37.5 粒，千粒重 43g，全生育期约 194 天。中感赤霉病、条锈病，高感白粉病、纹枯病。

> **容重**
>
> 是籽粒大小、质量、性状、整齐度、腹沟深浅、胚乳质地、出粉率等性状和特征的综合反映。

品　　质　籽粒容重 815g/L，粗蛋白含量（干基）12.04%，湿面筋含量 23.2%。

产量表现　两年区域试验平均亩产 420.4kg。

适宜区域　适宜湖北省小麦产区种植。

育　种　者　湖北省农业科学院粮食作物研究所、湖北省种子集团有限公司。

2. 农麦 126

审定情况 国审麦 20180008。

特征特性 春性品种。该品种株型较紧凑，分蘖力较强。幼苗直立，叶片较宽，叶色淡绿。秆质弹性好，抗倒性较好。旗叶平伸，穗层较整齐，熟相较好。穗纺锤形，长芒、白壳、红粒，籽粒角质，饱满度较好。区域试验中，株高 88cm，每亩有效穗数 30.4 万，每穗实粒数 37.1 粒，千粒重 41.3g，全生育期约 198 天。中感赤霉病、纹枯病、白粉病，高感条锈病、叶锈病。

> **粗蛋白和湿面筋含量**
> 粗蛋白含量反映小麦中蛋白含量的多少，湿面筋含量反映小麦中面筋蛋白的数量，二者有一定相关性。

品　　质 籽粒容重 766g/L，粗蛋白含量（干基）12.25%，湿面筋含量 23.1%。

产量表现 两年区域试验平均亩产 419.7kg。

适宜区域 适宜长江中下游冬麦区的上海市、浙江省、江苏省淮南地区、安徽省淮南地区、湖北省中南部地区、河南省信阳地区种植。

育　种　者 江苏神农大丰种业科技有限公司、扬州大学。

第三节　玉米新品种

一　常规玉米主要品种

1. 中农大 7737

审定情况　鄂审玉 2017004。

特征特性　该品种株型半紧凑，植株较高，穗位适中。幼苗叶鞘绿色，成株叶片约 18 片，穗上叶约 6 片。雄穗分枝数 8～13 个，花药浅紫色，花丝浅紫色。果穗筒形，穗轴白色，籽粒黄色、半马齿型。区域试验中，株高 290.6cm，穗位高 115.5cm，空秆率 1.1%，果穗长 17.8cm，果穗粗 5.1cm，秃尖长 1.8cm，穗行数 17.1，行粒数 34.2，百粒重 32.01g，干穗出籽率 87.6%，全生育期约 113 天。田间大斑病 3 级，小斑病 3 级，锈病 3 级，穗腐病 3 级，茎腐病病株率 1.2%，9 级纹枯病病株率 1.6%，田间倒伏（折）率 5.1%。

> **营养品质**
>
> 泛指玉米籽粒中所含的营养成分，如蛋白质、脂肪、淀粉，以及各种维生素、矿质元素、微量元素等。

品　　质　籽粒容重 798g/L，粗蛋白质含量（干基）9.78%，粗脂肪含量（干基）4%，粗淀粉含量（干基）73.02%。

产量表现　两年区域试验平均亩产 682.43kg。

适宜区域　适宜湖北省丘陵、平原地区作春玉米种植，但在低洼涝渍地块不宜种植。

育 种 者　中国农业大学、武汉隆福康农业发展有限公司。

2. 福玉 178

审定情况 鄂审玉 2019005。

特征特性 该品种株型半紧凑，植株、穗位较高。幼苗叶鞘紫色，成株叶片约 22 片，穗上叶约 7 片。雄穗分枝数 12～15 个，花药黄色，花丝白色。果穗筒形，苞叶包被中等，穗轴白色，籽粒黄色、马齿型。区域试验中，株高 309.2cm，穗位高 132.2cm，空秆率 2.1%，果穗长 18.3cm，果穗粗 5.7cm，秃尖长 1.5cm，穗行数 19.5，行粒数 35.2，百粒重 29.58g，干穗出籽率 83.4%，全生育期约 116 天。田间小斑病 3 级，锈病 3 级，穗腐病 3 级，茎腐病病株率 0.6%，9 级纹枯病病株率 0.3%，田间倒伏（折）率 4.2%。

品　　质 籽粒容重 770g/L，粗蛋白质含量（干基）9.31%，粗脂肪含量（干基）3.87%，粗淀粉含量（干基）72.61%。

产量表现 两年区域试验平均亩产 671.2kg。

适宜区域 适宜湖北省丘陵、平原地区作春玉米种植。

育 种 者 武汉隆福康农业发展有限公司。

> **粗蛋白与其他物质的关系**
>
> 玉米品质中粗蛋白与粗脂肪、粗淀粉呈负相关，与赖氨酸、产量成正相关。

3. 福玉 1189

审定情况 国审玉 20200403。

特征特性 该品种株型半紧凑。幼苗叶鞘紫色，成株叶片 21～22 片，叶片绿色，叶缘白色，花药紫色，颖壳浅紫色。果穗筒形，穗轴红色，籽粒黄色、马齿型。区域试验中，

> **玉米容重**
>
> 粮食籽粒在单位容积内的重量。容重作为一项重要的商品质量指标广泛地应用于玉米的生产和销售。

株高 301cm，穗位高 109cm，果穗长 19.4cm，果穗粗 5.05cm，穗行数 14 ~ 18，百粒重 31.9g，全生育期约 119 天。田间大斑病 7 级，小斑病 7 级，灰斑病 7 级，穗腐病 7 级，茎腐病 5 级，纹枯病 5 级，南方锈病 3 级。

品　　质　籽粒容重 726g/L，粗蛋白质含量（干基）11.38%，粗脂肪含量（干基）3.66%，粗淀粉含量（干基）70.02%。

产量表现　两年区域试验平均亩产 586.6kg。

适宜区域　适宜在西南春玉米类型区的四川省、重庆市、湖南省、湖北省、陕西省南部海拔 800m 及以下的丘陵、平坝、低山地区、贵州省贵阳市、黔南州、黔东南州、铜仁市、遵义市海拔 1100m 以下地区，云南省中部昆明、楚雄、玉溪、大理、曲靖等州市的丘陵、平坝、低山地区及文山、红河、普洱、临沧、保山、西双版纳、德宏海拔 800 ~ 1800m 地区，广西桂林市、贺州市种植。适合中高密度种植。

育 种 者　武汉隆福康农业发展有限公司。

什么影响玉米营养品质

粗蛋白质、粗脂肪、粗淀粉的含量是影响玉米营养品质的因素。

4. 福玉 168

审定情况　鄂审玉 2019015。

特征特性　该品种株型半紧凑，植株、穗位较高。幼苗叶鞘紫色，成株叶片约 21 片，穗上叶约 7 片。雄穗分枝数约 16 个，花药紫色，花丝红色。果穗筒形，苞叶包被完整，穗

玉米大斑病

玉米大斑病是玉米的重要病害之一，由大斑病凸脐蠕孢引起，主要为害叶片，严重时也为害叶鞘和苞叶。

轴白色，籽粒黄色、中间型。区域试验中，株高 320.5cm，穗位高 143cm，空秆率 1.2%，果穗长 19cm，果穗粗 5.3cm，秃尖长 1.1cm，穗行数 18.1，行粒数 36，百粒重 34.38g，干穗出籽率 85.6%，全生育期约 135 天。田间大斑病 3 级，小斑病 3 级，灰斑病 3 级，锈病 3 级，穗腐病 3 级，茎腐病病株率 0.5%，9 级纹枯病病株率 2.3%，田间倒伏（折）率 1%。

品　　质　籽粒容重 782g/L，粗蛋白质含量（干基）9.64%，粗脂肪含量（干基）4.37%，粗淀粉含量（干基）73.44%。

产量表现　两年区域试验平均亩产 660.32kg。

适宜区域　适宜湖北省海拔 500～1200m 的山区作春玉米种植，建议亩保苗 2600～3300 株。

育　种　者　武汉隆福康农业发展有限公司、恩施土家族苗族自治州农业科学院。

5. 汉单 777

审定情况　鄂审玉 2015010。

特征特性　该品种株型半紧凑，整齐度较好。幼苗叶鞘紫色，成株叶片约 20 片，穗上叶约 6 片，雄穗分枝数 7～10 个，花药、花丝浅紫色。果穗锥形，苞叶包被较完整，穗轴红色，籽粒黄色、半马齿型。区域试验中，株高 263cm，穗位高 103cm，空秆率 2.9%，穗长 17.8cm，穗粗 4.9cm，秃尖长 0.5cm，穗行数 17.7，行粒数 36.6，百粒重 27.08g，干穗出籽率 87%，全生育期约 100 天。田间小斑病 3 级，穗腐病 3 级，茎腐病病株率 0.7%，9 级纹枯病病株率 0.2%，田间倒伏（折）率 1.8%。

> **玉米小斑病**
> 又称玉米斑点病，是由长蠕孢菌侵染引起的病害，主要为害叶片，但叶鞘、苞叶和果穗也能受害。

品　　质　籽粒容重 756g/L，粗蛋白质含量（干基）9.2%，粗脂肪含量（干基）3.72%，粗淀粉含量（干基）72.82%。

产量表现　两年区域试验平均亩产 576.67kg。

适宜区域　　适宜江淮丘陵区和淮北区，如浙江省、江西省、福建省、广东省、安徽省淮南作春播，湖北省平原、丘陵地区作夏玉米种植。

育 种 者　　湖北省种子集团有限公司、湖北禾盛生物育种研究院。

6. 汉单 175

审定情况　　鄂审玉 20210013；皖审玉 20190001；鲁审玉 20190037。

特征特性　　该品种株型半紧凑，整齐度较好，株高、穗位适中。幼苗叶鞘紫色，成株叶片约 20 片，穗上叶 6 ~ 7 片。雄穗分枝数 11 ~ 15 个，花药黄色，花丝浅紫色。果穗筒形，穗轴红色，籽粒黄色、马齿型。区域试验中，株高 270.2cm，穗位高 111.9cm，空秆率 2.2%，花粒果穗率 5.7%，果穗长 18cm，果穗粗 4.7cm，秃尖长 0.7cm，穗行数 14.2，行粒数 34.9，百粒重 31.8g，干穗出籽率 84.8%，全生育期约 96 天。田间大斑病 3 级，小斑病 3 级，灰斑病 3 级，锈病 7 级，穗腐病 3 级，茎腐病病株率 3.7%，9 级纹枯病病株率 0.3%，田间倒伏（折）率 1.3%。

> **玉米穗腐病**
> 由禾谷镰刀菌、串株镰刀菌、青霉菌、曲霉菌、枝孢菌、单瑞孢菌等 20 多种霉菌侵染引起的病害。玉米果穗及籽粒均可受害。

品　　质　　籽粒容重 735g/L，粗蛋白质含量（干基）9.12%，粗脂肪含量（干基）3.35%，粗淀粉含量（干基）72.49%。

产量表现　　两年区域试验平均亩产 545.9kg。

适宜区域　　适宜河南省、山东省、江苏省和安徽省两省淮河以北地区、湖北省襄阳市作夏播种植。适宜在安徽省玉米产区推广种植。

育 种 者 湖北省种子集团有限公司。

7. 惠民 6202

审定情况 国审玉 20190301。

特征特性 该品种株型紧凑。幼苗叶鞘紫色，叶片绿色，成株叶片约 21 片，叶缘紫色，花药浅紫色，颖壳紫色。果穗筒形，穗轴红色，籽粒黄色、马齿型。区域试验中，株高 280cm，穗位高 107cm，果穗长 19cm，果穗粗 4.9cm，穗行数 16 ~ 18，百粒重 35.5g，全生育期约 103 天。田间小斑病 5 级，弯孢叶斑病 9 级，茎腐病 7 级，穗腐病 9 级，瘤黑粉病 9 级，南方锈病 7 级。

品 质 籽粒容重 746g/L，粗蛋白质含量（干基）10.85%，粗脂肪含量（干基）3.36%，粗淀粉含量（干基）74.31%，赖氨酸含量 0.31%。

产量表现 两年区域试验平均亩产 659.8kg。

适宜区域 适宜在黄淮海夏玉米区的河南省，山东省，山西省运城市和临汾市，湖北省襄阳市，河北省保定市和沧州市的南部及以南地区，陕西省关中灌区，江苏省和安徽省两省淮河以北地区，晋城市部分平川地区种植。

育 种 者 湖北惠民农业科技有限公司。

8. 惠民 380

审定情况　鄂审玉 2018005。

特征特性　该品种株型半紧凑，植株、穗位较高。幼苗叶鞘紫色，成株叶片约 20 片，穗上叶约 7 片。雄穗分枝数约 14 个，花药紫色，花丝红色。果穗筒形，苞叶包被较好，穗轴白色，籽粒黄色、马齿型。区域试验中，株高 338.8cm，穗位高 147.2cm，空秆率 1%，果穗长 21.1cm，果穗粗 5.5cm，秃尖长 1.3cm，穗行数 16.9，行粒数 39.7，百粒重 35.79g，干穗出籽率 85.7%，全生育期约 137 天。田间灰斑病 3 级，锈病 3 级，茎腐病病株率 1.6%，9 级纹枯病病株率 0.5%，田间倒伏（折）率 1.9%。

品　　质　籽粒容重 754g/L，粗蛋白质含量（干基）9.59%，粗脂肪含量（干基）4.51%，粗淀粉含量（干基）72.51%。

产量表现　两年区域试验平均亩产 736kg。

适宜区域　适宜湖北省低山及二高山地区作春玉米种植。

育 种 者　湖北惠民农业科技有限公司。

> **玉米茎腐病**
>
> 在玉米生产上，引发茎腐病的原因有多种，最重要的一类是真菌型茎腐病。

二　甜玉米主要品种

1. 博宝

审定情况　鄂审玉 2018021。

特征特性　该品种植株半紧凑。幼苗叶鞘绿色，穗上叶约 5 片。雄穗分枝数 20~24 个，花药黄色，花丝白色。果穗锥形，苞叶包被适中，穗轴白色，籽粒黄白相间。区域试验中，株高 205.3cm，穗位高 76.9cm，空秆率 0.7%，果穗长 20.3cm，果穗粗 5.1cm，秃尖长 1.8cm，穗行数 16，行粒数 36.1，百粒重 35g，全生育期约 82 天。田间穗腐病 3 级，茎腐病病株率 2.6%，瘤黑粉病病株率 2.9%，田间倒伏倒折率 2.8%。

品　　质　可溶性糖（干基）含量 42.6%，水分含量 70.4%。

产量表现　两年区域试验商品穗平均亩产 866.55kg。

适宜区域　适宜湖北省平原、丘陵地区和二高山地区种植。

育 种 者　武汉蔬博农业科技有限公司、武汉市农业科学院蔬菜研究所。

2. 玉香金

审定情况　鄂审玉 20200033；沪审玉 2021004。

特征特性　该品种株型半紧凑。果穗筒形，苞叶包被适中，穗轴白色，籽粒白黄色。区域试验中，株高 216.3cm，穗位高 76.5cm，空秆率 0.8%，果穗长 20.2cm，果穗粗 5.3cm，秃尖长 0.8cm，穗行数 15.6，行粒数 39.6，百粒重 36.2g，全生育期约 82 天。综合抗性较好，田间倒伏（折）率 1.02%。

> **玉米纹枯病**
> 由立枯丝核菌引起的病害，主要为害叶鞘，其次是叶片、果穗及其包叶。

品　　质　可溶性糖（干基）含量 79.13%，水分含量 81.6%。

产量表现　两年区域试验商品穗平均亩产 893.87kg。

适宜区域 适宜湖北省平原、丘陵地区，低海拔山区种植。适宜在上海市种植。

育 种 者 武汉市农业科学院、武汉蔬博农业科技有限公司。

第四节　豆类新品种

1. 中豆 50

审定情况　鄂审豆 20200002。

特征特性　中晚熟春大豆品种。该品种株型收敛，株高适中。茎秆直立，有限结荚习性。叶椭圆形，花白色，茸毛灰色，成熟荚浅褐色。籽粒椭圆形，种皮黄色，子叶黄色，种脐淡褐色。区域试验中，株高 46.3cm，主茎节数 10.4 个，分枝数 3.2 个，单株有效荚数 29 个，单株粒重 14.7g，完整粒率 93.1%，百粒重 25.7g，全生育期约 97 天。病害鉴定为抗大豆花叶病毒病 3 号株系和 7 号株系。

品　　质　含油量 19.73%，粗蛋白质含量 44.94%。

产量表现　两年区域试验平均亩产 218.22kg。

适宜区域　适宜在湖北省春大豆种植区作春大豆种植。

育　种　者　中国农业科学院油料作物研究所。

2. 汉豆 26

审定情况　鄂审豆 20200001。

特征特性　中熟春大豆品种。该品种株型收敛，株高适中。茎秆直立，有限结荚习性。叶椭圆形，花白色，茸毛灰色，成熟荚浅黄色。籽粒椭圆形，种皮黄色，子叶黄色，种脐淡褐色。区域试验中，株高 47.2cm，主茎节数 10.1个，分枝数 2.3 个，单株有效荚数 28.6 个，单株粒重 14.9g，完整粒率 89.3%，百粒重 24.3g，全生育期约 91 天。病害鉴定为中感大豆花叶病毒病 3 号株系和 7 号株系。

品　　质　　含油量 18.71%，粗蛋白质含量 45.94%。

产量表现　两年区域试验平均亩产 208.98kg。

适宜区域　适宜湖北省作春大豆和夏大豆种植。

育　种　者　潜江市汉江大豆科学研究所。

3. 中黄 39

审定情况　鄂审豆 2017001；国审豆 2013016；川审豆 20180001；甘审豆 2015004；津审豆 2006002。

特征特性　中熟夏大豆品种。该品种株型收敛，植株较矮。茎秆直立，分枝数较多，有限结荚习性。叶椭圆形，花白色，茸毛灰色，成熟荚褐色。籽粒椭圆形，种皮黄色，子叶黄色，种脐淡褐色。区域试验中，株高 61.5cm，主茎节数 13.2 个，分枝数 3.5 个，单株有效荚数 44.9 个，单株粒重 18.9g，完整粒率 81.9%，百粒重 21.7g，全生育期约 96 天。病害鉴定为中抗大豆花叶病毒病 3 号株系，中感大豆花叶病毒病 7 号株系。

完整粒

籽粒完好正常的颗粒。大豆单株荚数是影响大豆产量的重要因素之一。

品　　质　　含油量 20.71%，粗蛋白质含量 45.08%。

产量表现　两年区域试验平均亩产 189.61kg。

适宜区域　适宜湖北省作夏大豆种植。适宜四川省平坝、丘陵及低山区种植。适宜在广东省（惠州除外）、广西中部和南部、湖南省南部和江西省南部作春播种植。适宜在甘肃省兰州市、白银市、庆阳市、平凉市等地种植。适宜在天津市种植。炭疽病发病区慎用。

育 种 者 中国农业科学院作物科学研究所。

4. 舒记 301

审定情况 鄂审豆 20200012。

特征特性 该品种株型收敛，株高较高，有限结荚习性。叶椭圆形，花紫色，茸毛灰色。鲜荚弯镰形、绿色。籽粒近圆形，种皮绿色，子叶黄色，种脐淡褐色。区域试验中，株高 61.8cm，主茎节数 11.6 个，分枝数 2.3 个，单株有效荚数 23.5 个，单株鲜荚重 56.1g，百粒鲜重 86.1g，出仁率 54.3%，从出苗至鲜荚采收约 82 天。病害鉴定为中抗大豆花叶病毒病 3 号株系，抗大豆花叶病毒病 7 号株系。

品 质 标准二粒荚荚长 5.4cm，荚宽 1.4cm，每 500g 标准荚数 159 个，属于香甜柔糯型。

产量表现 两年区域试验平均亩产鲜荚 840.99kg。

适宜区域 适宜湖北省鲜食春大豆种植区域推广种植。

育 种 者 辽宁开原市农科种苗有限公司、武汉皇经堂种苗有限公司。

5. 绿珍珠

审定情况 沪审豆 2017003；鄂引种 2022129。

特征特性 鲜食大豆春播品种。该品种株型收敛，有限结荚习性。叶椭圆形，花白色，茸毛灰色，鲜荚绿色。籽粒椭圆形，种皮绿色，子叶黄色，种脐黄色。区域试验中，株高 37.6cm，主茎节数 7.8 个，分枝数 4.3 个。单株有效荚数 37.3 个，单株多粒荚率 68.5%，单株荚重 62.1g，百粒重 77g，从出苗至鲜荚采收约 87 天。田间表现抗倒伏性强，感大豆花叶病毒程度较轻或不发病。

品　　质　标准二粒荚荚长 5.7cm，荚宽 1.4cm，每 500g 标准荚数 187.4 个，标准荚率 88%，属于香甜柔糯型，口感品质好。

产量表现　两年区域试验平均亩产鲜荚 705.3kg。

适宜区域　适宜湖北省鲜食春大豆种植区域推广种植。适宜在上海市种植。

育 种 者　辽宁开原市农科种苗有限公司。

6. 鄂鲜 1 号

审定情况　鄂审豆 2017004。

特征特性　中熟春大豆品种。该品种株型收敛，有限结荚习性。叶椭圆形，花紫色，种皮绿色，耐肥抗倒，荚鼓、圆角、直板、茸毛灰白色、口感甜嫩，鲜荚青绿色，特别清秀美观，保鲜时间长。荚大，易采摘。区域试验中，株高 58.4cm，主茎节数 11.2 个，分枝数 2.2 个，单株有效荚数 22.5 个，单株鲜荚重 53.3g，百粒鲜重 74.4g，出仁率 60.9%，从出苗至鲜荚采收约 82 天。病害鉴定为抗花叶病毒病 3 号株系和 7 号株系。

品　　质　标准二粒荚荚长 5.2cm，荚宽 1.3cm，每 500g 标准荚数 173 个，属香甜柔糯型。

产量表现　两年区域试验平均亩产鲜荚 884.5kg。

适宜区域　适宜湖北省武汉市、仙桃市、天门市、黄冈市、鄂州市、孝感市、宜昌市等地作鲜食春大豆种植。

育 种 者　开原市毛豆研究所。

大豆花叶病毒病

为世界性大豆病害。大豆花叶病毒病侵染大豆植株后，叶片中叶绿素含量及叶质量下降，叶面积减小，影响光合面积和光合能力。

7. 奎鲜 5 号

审定情况　鄂审豆 2015001；国审豆 20180035。

特征特性 该品种株型收敛，株高中等，有限结荚习性。叶椭圆形、深绿色，花白色。鲜荚微弯镰形、淡绿色，茸毛灰色。籽粒椭圆形，种皮淡绿色，子叶黄色，种脐褐色。区域试验中，株高 34.7cm，主茎节数 9.3 个，分枝数 3.4 个，单株有效荚数 24.4 个，单株鲜荚重 54.2g，百粒鲜重 78.4g，出仁率 55.6%，从播种至鲜荚采收约 82 天。病害鉴定为中抗花叶病毒病 7 号株系，中感花叶病毒病 3 号株系。

品　　质 标准二粒荚荚长 5.2cm，荚宽 1.4cm，每 500g 标准荚数 190 个，属香甜柔糯型。

产量表现 两年区域试验平均亩产鲜荚 884.49kg。

适宜区域 适宜在上海市、沈阳市、杭州市、长沙市、贵阳市、南宁市、昆明市、铜陵市等地区作鲜食春播品种种植。适宜湖北省武汉市、黄冈市、孝感市、仙桃市等地作鲜食春大豆种植。

育 种 者 铁岭市维奎大豆科学研究所、开原市雨农种业有限公司。

8. 沪鲜 6 号

审定情况 鄂审豆 2015002。

特征特性 该品种株型收敛，株高中等，有限结荚习性。叶椭圆形、绿色，花白色。鲜荚微弯镰形、淡绿色，茸毛灰色。籽粒椭圆形，种皮淡绿色，子叶黄色，种脐黄色。区域试验中，株高 40.5cm，主茎节数 8.6 个，分枝数 2.5 个，单株有效荚数 21.3 个，单株鲜荚重 54.6g，百粒鲜重 84.8g，出仁率 51.3%，从播种至鲜荚采收约 76 天。病害鉴定为中感花叶病毒病 3 号株系，感花叶病毒病 7 号株系。

品　　质 标准二粒荚荚长 6cm，荚宽 1.4cm，每 500g 标准荚数 159 个，属香甜柔糯型。

产量表现 两年区域试验平均亩产鲜荚 834.53kg。

　　适宜区域　适宜湖北省武汉市、黄冈市、孝感市、仙桃市等地作鲜食春大豆种植。

　　育 种 者　上海交通大学、上海华耘种业有限公司。

第五节　薯类新品种

一　马铃薯

1. 华薯 9 号

登记情况　GPD 马铃薯（2020）420004。

特征特性　早熟鲜食品种。该品种株型直立，生长势较强，花冠白色，复叶大小中等，叶绿色，茎绿色。块茎椭圆形，薯皮黄色，薯肉白色，芽眼浅，表皮略麻，大小整齐，结薯集中，商品薯率高，适合主食化，全生育期 65 ~ 75 天。中抗病毒病、早疫病，中感晚疫病。

> **PVY**
>
> 又称马铃薯 Y 病毒，是全球马铃薯生产中为害最严重的病毒之一。马铃薯感染 PVY，一般会减产 50% 左右。

品　　质　干物质含量 18.19%，淀粉含量 12.42%，蛋白质含量 0.33%，维生素 C 含量 219.9mg/kg，还原糖含量 0.09%，抗褐化，食味优。

产量表现　平均亩产约 3600kg。

适宜区域　适宜在湖北省、江西省、广东省、广西壮族自治区的低山、丘陵、平原地区冬作种植。

注意事项　生产和推广过程中应使用脱毒种薯，并注意防治晚疫病，做好轮作，切忌连作。

育　种　者　华中农业大学、广西壮族自治区农业科学院经济作物研究所、江西省农业科学院作物研究所、广东省农业科学院作物研究所。

2. 华恩 1 号

登记情况　GPD 马铃薯（2018）420033。

特征特性　中晚熟鲜食品种。该品种株型直立，植株偏高，生长势较强，匍匐茎短，茎绿带褐色，叶绿色，花冠淡紫色，开花繁茂性中等，天然结实少。单株结薯数较多，薯块扁圆形，薯皮黄色，薯肉黄色，芽眼浅，表皮较光滑。区域试验中，株高 86.1cm，单株主茎数 3.3 个，单株结薯数 9.6 个，单薯重 61.4g，商品薯率 73.4%，全生育期约 91 天。中抗晚疫病、早疫病，感 PVX、PVY 病毒病。

> **PVX**
>
> 又称马铃薯 X 病毒，是传播最广泛的一种病毒，感染此病毒后一般症状轻微或者潜隐，常导致减产 10% 左右。如果 PVX 和 PVY 复合感染，则植株矮小，叶片皱缩，块茎少而小，减产可达约 80%。

品　　质　干物质含量 24.78%，淀粉含量 19.01%，蛋白质含量 1.52%，维生素 C 含量 187.3mg/kg，还原糖含量 0.13%，食味优。

产量表现　平均亩产约 1800kg。

适宜区域　适宜湖北省高山及二高山地区种植，高海拔地区在 2—3 月播种为宜，中、低海拔地区在 11 月下旬至次年 1 月播种为宜。

注意事项　该品种休眠同步性种薯间有一定差异，易出现田间出苗期延长现象。薯块过大后偶有空心现象。感花叶病毒病。

育 种 者　华中农业大学、湖北恩施中国南方马铃薯研究中心。

华恩 1 号

二 甘薯

1. 鄂薯 17

登记情况 GPD 甘薯（2022）420001。

特征特性 中熟鲜食型品种。该品种植株匍匐生长，萌芽性中等，蔓长中等，分枝数约 10 个。裂片品种三裂片，叶中等绿色。薯块纺锤形，薯皮中等红色，薯肉浅橙红色，结薯集中。中抗根腐病，抗蔓割病，感茎线虫病、薯瘟病，高感黑斑病。

品　　质 烘干率 21.13%，淀粉率 12.03%，食味较好。

产量表现 鲜薯平均亩产约 2300kg，薯干平均亩产约 500kg，淀粉平均亩产约 300kg。

适宜区域 适宜在湖北省、湖南省、江西省、安徽省、江苏省、浙江省春季种植。

注意事项 注意防治黑斑病、茎线虫病，不宜在薯瘟病重发地种植。

育 种 者 湖北省农业科学院粮食作物研究所。

> **甘薯蔓割病**
>
> 是由尖镰孢型 2 引起的病害。属导管系统病害，苗床期和大田期均可发生，主要发生在蔓茎基部，也可侵染薯块。
>
> **甘薯茎线虫病**
>
> 是由甘薯茎线虫引起的病害。该病主要为害薯块，致使薯块糠心，其次是薯苗和薯蔓基部，一般造成减产 15%，严重时可导致减产 60%。

2. 鄂薯 11

登记情况 GPD 甘薯（2019）420006。

特征特性 鲜食型品种。该品种萌芽性好，蔓长中等，分枝数 8~9 个，茎蔓较粗。叶片尖心形，顶叶绿色，成年叶绿色，叶脉绿色，茎蔓绿色。薯块纺锤形，薯皮黄色，薯肉黄色，结薯集中，薯块整齐，大中薯率高。较耐储。抗根腐病、茎线虫病，高抗蔓割病，中感薯瘟病，感黑斑病。

甘薯黑斑病

是由甘薯长喙壳菌引起的病害，主要为害薯苗、薯块，一般不会为害绿色部分。为害甘薯幼苗茎基部时，主要表现为茎基部长出黑褐色椭圆形或菱形病斑，稍凹陷。

品　　质　烘干率 27.53%，淀粉率 0.18%，食味优。

产量表现　鲜薯平均亩产约 2400kg，薯干平均亩产约 670kg，淀粉平均亩产约 440kg。

适宜区域　适宜在长江流域薯区的重庆市、湖北省、四川省、湖南省、江苏省、江西省、浙江省等地区种植。

注意事项　注意防治黑斑病，不宜在Ⅰ型和Ⅱ型薯瘟病重发地种植。

育　种　者　湖北省农业科学院粮食作物研究所。

3. 鄂薯 12

登记情况　GPD 甘薯（2019）420029。

特征特性　鲜食、高花青素型品种。该品种萌芽性优，最长蔓长 226.4cm，分枝 7.1 个，茎粗 0.6cm，叶片心形，叶绿色，叶脉紫色，茎枝绿带紫。薯块纺锤形，薯皮紫色，薯肉紫色。结薯集中整齐，大中薯率 76.8%。耐储藏。抗蔓割病，高抗茎线虫病，感根腐病、黑斑病、薯瘟病。

品　　质　烘干率 29.97%，每 100g 含花青素 24.41mg，粗纤维少，熟食味好。

产量表现　鲜薯平均亩产约 1660kg，薯干平均亩产约 497kg。

适宜区域　适宜在长江流域薯区的重庆市、湖北省、四川省、湖南省、江苏省、江西省、浙江省等地区种植。

注意事项　注意防治黑斑病，不宜在根腐病和薯瘟病重发地种植。

育　种　者　湖北省农业科学院粮食作物研究所。

第六节 油菜作物新品种

双低油菜品种

1. 中双 11 号

登记情况 GPD 油菜（2017）420052。

特征特性 半冬性甘蓝型常规油菜品种，属匀生分枝型。子叶肾形，苗期植株生长习性为半直立，叶片形状为缺刻型，叶柄较长，叶肉较厚，叶色深绿，叶缘无锯齿，有蜡粉，无刺毛，裂叶三对。花瓣较大、黄色、侧叠。种子黑色、圆形。区域试验中，平均株高 153.4cm，一次有效分枝平均 8 个。抗裂荚性较好，平均单株有效角果数 357.6

> **双低油菜（低芥酸、低硫苷）**
>
> 是为满足人们对食用油营养需求提高和扩大动物泛白饲料源需要，通过现代育种技术和现代化学测试技术相结合而创造的一种营养价值高的新型油料作物。

个，每角粒数 20.2 粒，千粒重 4.66g，全生育期约 234 天。低抗菌核病，抗病毒病，抗倒性强，抗裂角。

品　　质 食用油不含芥酸，食用油硫苷含量 18.84μmol/g，食用油含油量 49.04%。

产量表现 平均亩产约 170kg。

适宜区域 适宜在上海市、重庆市、浙江省、湖北省、湖南省、江西省、四川省、云南省、贵州省，以及江苏省和安徽省两省淮河以南、陕西省汉中和安康冬油菜区种植，秋播。

注意事项 该品种单株角果数及分枝数较少，由于角果长，籽粒相对较稀，通过加大种植密度，集中连片种植，保证优异品质，防鸟害。

育　种　者　中国农业科学院油料作物研究所。

2. 中油杂 28

登记情况　GPD 油菜（2019）420010。

特征特性　半冬性甘蓝型细胞质雄性不育三系杂交油菜品种。苗期生长势较强，植株生长习性为半直立，叶中等绿色，有裂叶。花瓣黄色。区域试验中，平均株高 185.8cm，平均分枝部位高度 83.9cm，一次有效分枝平均 6.6 个，平均单株有效角果数 199.9 个，每角粒数 22.3 粒，千粒重 3.34g，全生育期约 212 天。抗病毒病，抗倒性强，低感菌核病。

> **双低菜籽油**
> 菜籽中芥酸含量在 3% 以下、菜籽饼中的硫苷含量低于 30μmol/g 的油菜品种。

品　　质　食用油不含芥酸，食用油硫苷含量 21.27μmol/g，食用油含油量 47.71%。

产量表现　平均亩产约 204kg。

适宜区域　适宜在上海市、重庆市、浙江省、湖北省、湖南省、江西省、四川省、云南省、贵州省，以及江苏省和安徽省两省淮河以南、陕西省汉中市和安康市冬油菜区作秋播种植。

注意事项　该品种油菜建议集中连片种植，否则可能导致品质下降。注意防鸟害，缺硼地区需底施硼肥，花期喷施硼砂溶液。

育 种 者 中国农业科学院油料作物研究所、襄阳市农业科学院。

3. 大地 199

登记情况 GPD 油菜（2017）420056。

特征特性 半冬性甘蓝型油菜杂交品种，在长江中游和下游地区种植。苗期植株生长习性半直立，叶片中等绿色，裂片 7～9 片，叶缘缺刻程度中等。花瓣相对位置侧叠，中等黄色。角果果身长度较长，角果姿态平生。区域试验中，平均株高 157.19cm，平均分枝部位高度 60.66cm，一次有效分枝 7.04 个，平均单株有效角果数 264.33 个，每角粒数 19.53 粒，千粒重 4.51g，在长江中游和长江下游地区的平均全生育期分别约为 210 天和 228 天。抗病毒病，耐旱、耐渍性强，抗寒性中等，抗倒性强，低感菌核病。

品 质 食用油不含芥酸，食用油硫苷含量 21.80μmol/g，食用油含油量 48.67%。稳产性好、含油量高。

产量表现 平均亩产约 190kg。

适宜区域 适宜在上海市、重庆市、湖北省、湖南省、江西省、浙江省、四川省、贵州省、云南省，以及江苏省和安徽省两省淮河以南、陕西省汉中市和河南省信阳市的油菜主产区秋播种植。

注意事项 该品种对肥水需求量较大，在缺硼土壤中种植有可能产生花而

油菜油

传统的双高（高芥酸，高硫苷）油菜油，芥酸含量约在 40%，因此对人体健康有重要意义的油酸、亚油酸含量就低，长期食用高芥酸的菜油会使人体心脏包膜变厚，加剧心血管疾病的发生。而经过遗传改良后的双低油菜油中饱和脂肪酸和芥酸的含量都很低，不饱和脂肪酸含量很高，且多不饱和脂肪酸组成合理；除含油脂和蛋白质外，还富含多种活性功能成分，如甾醇、维生素 E、β－胡萝卜素、植物多酚等，这些活性功能成分对人体健康具有重要作用。

不实的现象，因此应每亩施硼肥约 1kg 预防生长中缺硼，如果底肥没有施硼，应在薹期喷施浓度为 0.2% 的硼肥。本品种为双低油菜，适口性好，在山区小面积种植时，应注意防范鸟害。

育 种 者　中国农业科学院油料作物研究所、武汉中油科技新产业有限公司、武汉中油大地希望种业有限公司。

4. 中油杂 19

登记情况　GPD 油菜（2017）420053。

特征特性　半冬性甘蓝型化学诱导雄性不育两系杂交品种。苗期植株生长习性为半直立，有裂叶，叶缘无锯齿，叶片绿色，花瓣黄色，籽粒黑褐色。在长江下游区域试验中，平均株高 162.7cm，一次有效分枝平均 6.57 个，平均单株有效角果数 277.7 个，每角粒数 22.3 粒，千粒重 4.09g，全生育期约 230 天。低抗菌核病，抗倒性强，抗病毒病。

品　　质　食用油芥酸含量 0.15%，食用油硫苷含量 21.05μmol/g，食用油含油量 49.95%。

产量表现　平均亩产约 200kg。

适宜区域　适宜在上海市、重庆市、浙江省、湖北省、湖南省、江西省、四川省、云南省、贵州省，以及江苏省和安徽省两省淮河以南、陕西省汉中市和安康市的冬油菜区秋播种植。

注意事项　本品种为高油双低品种，最好连片种植，保证优异品质和防范鸟害。

育 种 者 中国农业科学院油料作物研究所。

5. 华油杂 62R

登记情况 GPD 油菜（2018）420213。

特征特性 半冬性甘蓝型波里马细胞质雄性不育系杂交种。苗期长势中等，生长习性为半直立，叶片缺刻较深，叶色浓绿，叶缘浅锯齿，无缺刻，蜡粉较厚，叶片无刺毛。花瓣大、黄色、侧叠。区域试验中，平均株高 177cm，一次有效分枝平均 8 个，平均单株有效角果数 299.5 个，每角粒数 21.2 粒，千粒重 3.77g，在湖北省、安徽省冬油菜主产区秋播种植全生育期约 219 天，在陕西省春播种植全生育期约 141 天。中抗病毒病，对根肿病 4 号生理小种具有免疫抗性，强抗倒性，低感菌核病。

品 质 食用油芥酸含量 0.45%，食用油硫苷含量 29.68μmol/g，食用油含油量 41.46%。

产量表现 平均亩产约 195kg。

适应区域 适宜在湖北省、安徽省、四川省、江西省、湖南省冬油菜主产区秋播种植，还适宜在陕西省作春播及秋播种植。

注意事项 菌核病为低感，初花期注意防治。

育 种 者 华中农业大学。

6. 华油杂 50

登记情况 GPD 油菜（2017）420204。

特征特性 甘蓝型半冬性细胞核雄性不育三系杂交品种。该品种全生育期约 216 天。幼苗生长习性半直立，叶绿色，顶叶长圆形，叶缘浅锯齿，裂叶 2 ～ 3 对，有缺刻，叶面有少量蜡粉，无刺毛。花瓣长度中等，宽中等，呈侧叠状。株高 191cm，中部分枝类型，一次有效分枝平均 6 个，平均单株有效角果数 183 个，每角粒数 24 粒，千粒重 4.6g。菌核病接种鉴定结果为低感菌核病，抗倒性强。

品   质 食用油不含芥酸，食用油硫苷含量 21.32μmol/g，食用油含油量 49.56%。

产量表现 平均亩产约 198kg。

适宜区域 适宜在冬油菜生态区，长江上、中、下游的上海市、重庆市、四川省、云南省、贵州省、湖北省、湖南省、江西省、浙江省、安徽省与江苏省淮河以南、陕西省的安康市和汉中市秋季种植，以及春油菜生态区，新疆维吾尔自治区、内蒙古自治区、甘肃省、青海省海拔 2600m 以下地区春季种植。

注意事项 菌核病抗性为低感，花期注意防治。

育 种 者 华中农业大学、武汉联农种业科技有限责任公司。

7. 华油 2137

登记情况 GPD 油菜（2022）420267。

特征特性 冬性甘蓝型食用油类杂交品种。该品种全生育期约 204 天。苗期生长习性半直立，叶片中等绿色，叶片长度中等，叶片宽度中等。有裂片，裂片 7 片，籽粒黑褐色。株高 178.2cm，分枝部位高度 98cm，一次有效分枝平均 6 个，平均单株有效角果数 170 个，每角粒数 20.2 粒，千粒重 4.6g。低感菌核病，中抗病毒病，高抗根肿病 4 号生理小种，抗寒性较强，较抗裂角，抗倒性强。

品　　质　食用油芥酸含量 0.037%，食用油硫苷含量 21.74μmol/g，食用油含油量 47.84%。

产量表现　平均亩产约 182kg。

适宜区域　适宜在长江中游地区的湖北省和湖南省油菜主产区秋季种植。

注意事项　该品种为高油酸品种，种植时应当与其他普通双低油菜品种保持适当距离。与非高油酸品种相邻或混合种植将不能保证该品种收获菜籽的高油酸品质。

育 种 者　华中农业大学。

第七节　棉花作物新品种

一　转基因抗虫杂交棉

1. 鄂杂棉 32

审定情况　鄂审棉 2014005。

特征特性　转 Bt 基因杂交一代抗虫棉品种。该品种植株较高，塔形，较松散，生长势较强。茎秆光滑，较粗壮。叶片中等偏大，叶色淡绿，缺刻较浅。花药白色。铃卵圆形，4～5 室，中等大，吐絮较畅。区域试验中，株高 134.4cm，果枝数 18.6 个，单株成铃数

> **转 Bt 基因抗虫棉**
>
> 棉铃虫是棉花生产中的主要虫害，一般年份因其为害造成棉花减产 10%～15%。转 Bt 基因抗虫棉中的 Bt 是苏云金芽孢杆菌的拉丁名缩写。

27.2 个，单铃重 6.4g，大样衣分 41.24%，子指 11.7g，全生育期约 128 天。霜前花率 88.09%。耐枯萎病、黄萎病，抗棉铃虫。

品　　质　纤维上半部平均长度 30.1mm，断裂比强度 29.7cN/tex，马克隆值 5。

产量表现　两年区域试验皮棉平均亩产 111.52kg。

适宜区域　适宜湖北省棉区种植。枯萎病、黄萎病重病地不宜种植。

育　种　者　湖北华之夏种子有限责任公司。

2. 鄂杂棉 34

审定情况 鄂审棉 2016004。

特征特性 转 Bt 基因杂交一代抗虫棉品种。该品种植株塔形，稍松散，生长势较强，整齐度较好。茎秆较粗，有稀茸毛。叶片中等大，叶色淡绿，苞叶较大。铃卵圆形、较大，铃尖突起弱，吐絮畅。区域试验中，株高 115.5cm，果枝数 17.2 个，单株成铃数 28 个，单铃重 6.46g，大样衣分 41.97%，子指 11.2g，全生育期约 128 天。霜前花率 90.4%。耐枯萎病、黄萎病，抗棉铃虫。

品　　质 纤维上半部平均长度 29.6mm，断裂比强度 30.6cN/tex，马克隆值 4.9。

产量表现 两年区域试验皮棉平均亩产 107.18kg。

适宜区域 适宜湖北省棉区种植。枯萎病、黄萎病重病地不宜种植。

育　种　者 湖北省种子集团有限公司、湖北省农业科学院经济作物研究所。

棉花的衣分

籽棉加工成皮棉的比例，又称为出绒率，通常用百分率来表示，是评定棉花品种优劣的一条重要标准，也就是皮棉占籽棉的比重。

棉花子指

指 100 粒种子重量。

棉纤维长度

棉花是由一根根细小的纤维组成，每根细小的纤维都有长度。棉花的纤维长度就是这些细小纤维的平均长度，代表了棉花的品质。纤维越长，品质越好。

二 转基因抗虫常规棉

1. 隆福棉 316

审定情况 鄂审棉 2016005。

特征特性 转 Bt 基因抗虫棉品种。该品种植株筒形，Ⅰ式果枝，通透性较好，生长势较强，整齐度较好。茎秆较粗，有茸毛。叶片中等大，叶色绿色，苞叶中等大。铃卵圆形、较小，铃尖突起弱，吐絮畅。区域试验中株高 114.5cm，果枝数 13.2 个，单株成铃数 11.9 个，单铃重 4.51g，大样衣分 37.03%，子指 10g，全生育期约 99 天。霜前花率 91.2%。耐枯萎病、黄萎病，中抗棉铃虫。

品　质 纤维上半部平均长度 28mm，断裂比强度 30.9cN/tex，马克隆值 5.3。

产量表现 两年区域试验皮棉平均亩产 84.36kg。

适宜区域 适宜湖北省棉区油菜或小麦收获后种植。枯萎病、黄萎病重病地不宜种植。

育 种 者 武汉隆福康农业发展有限公司。

> **霜前花**
>
> 在下霜前棉铃吐絮、纤维已充分成熟的棉花。其纤维品质好、颜色白，是棉纺工业的重要原料，可以纺出强韧的细纱。
>
> **棉花马克隆值**
>
> 棉花质量的指标参数，是反映棉花纤维细度与成熟度的综合指标，也是棉纤维重要的内在质量指标之一，与棉纤维的使用价值有密切的关系。

2. 华 M2

审定情况 鄂审棉 20200003。

特征特性 转 Bt 基因常规抗虫棉品种。该品种植株塔形，茎秆有稀茸毛，通透性较好，生长势较强，整齐度一般。叶片较大、绿色，苞叶较大。铃卵圆形、中等偏大，铃尖突起弱，吐絮畅。区域试验中，株高 125.7cm，果枝数 18.9 个，单株成铃数 29.2 个，单铃重 5.9g，大样衣分 41.76%，子指 11.3g，全生育期约 124 天。霜前花率 90.9%。耐枯萎病、黄萎病，抗棉铃虫。

> **棉纤维的断裂比强度**
> 棉纤维质量的重要品质指标。纤维的断裂比强度与成纱质量有着密切的关系，纤维的断裂比强度越高，成纱的质量越好。

品　　质 纤维上半部平均长度 29.9mm，断裂比强度 33.4cN/tex，马克隆值 4.8。

产量表现 两年区域试验皮棉平均亩产 105.95kg。

适宜区域 适宜湖北省棉区种植。枯萎病、黄萎病重病地不宜种植。

育　种　者 湖北华之夏种子有限责任公司。

3. 华惠 20

审定情况 国审棉 20210030。

特征特性 转抗虫基因中熟常规棉品种，春播生育期约 122 天，出苗好，前期生长势旺盛，后期不早衰，整齐度较好，结铃性好，吐絮畅。区域试验中，株型较紧凑，株高131.4cm，茎秆茸毛较少，叶片中等，叶色深。棉铃卵圆形，单株成铃数31个，单铃重5.9g，大样衣分42.3%，子指11.6g，霜前花率93.9%。抗枯萎病、棉铃虫，耐黄萎病。

品　　质　纤维上半部平均长度28.7mm，断裂比强度29.6cN/tex，马克隆值5.7。

产量表现　两年区域试验皮棉平均亩产111.7kg。

适宜区域　适宜在湖北省、江苏省和安徽省淮河以南、浙江省沿海、江西省北部、河南省南部、湖南省北部和四川丘陵棉区春播种植。黄萎病重病区不宜种植。

育　种　者　湖北惠民农业科技有限公司。

第二章

蔬菜作物新品种

第一节　瓜类新品种

一　黄瓜

1. 津优 10 号

登记情况　GPD 黄瓜（2020）120094。

特征特性　华北型杂交种。该品种生长势较强，第一雌花节位始于主蔓约第 4 节，前期主蔓结瓜为主。表现早熟，节成性强，坐瓜率高，瓜条亮绿色，中等刺瘤，瓜条顺直，畸形瓜少，口感清香脆嫩，瓜长 36cm，横径 3cm，单瓜重 200g，前期耐低温，后期耐高温。抗白粉病、霜霉病、枯萎病。该品种同时具有一定的耐高温和耐低温的特性，在春棚前期低温约 10℃，以及后期高温 30～35℃的条件下，均能够正常开花结果。

> **节成性**
> 黄瓜主蔓上雌花节位所占的比例。雌花比例高的称为节成性强，否则称节成性低。节成性直接影响产量。

产量表现　平均亩产约 6000kg。

品种来源　天津科润农业科技股份有限公司黄瓜研究所。

2. 津优 508

登记情况　GPD 黄瓜（2020）120320。

特征特性　华北型杂交种。该品种植株生长势强，叶片中等大小，叶色深绿，茎秆粗壮。第一雌花节位始于主蔓第 5～6 节，主蔓结瓜为主。瓜条顺直，瓜长约 35cm，单瓜重约 220g，刺瘤大小适中，瓜把短，畸形瓜率低。瓜肉淡绿色，口感脆甜，无苦味，瓜皮深绿，光泽度好，耐热性好。抗白粉病、枯萎病。适宜春秋露地及秋大棚种植。

产量表现 平均亩产约 7500kg。

品种来源 天津科润农业科技股份有限公司黄瓜研究所。

3. 田骄七号

登记情况 GPD 黄瓜（2018）370038。

特征特性 华南型杂交种。该品种为强雌性大刺瘤品种，生长势较强，分枝力弱，节间长度中等，叶色浓绿，叶片大小中等。连续坐瓜能力强，中前期坐瓜集中，瓜长 16～18cm，翠绿色，光泽油亮，圆润饱满，品质脆甜，肉质细腻，口味清香，适宜春秋保护地栽培。较抗霜霉病、枯萎病，中抗白粉病，高抗霜霉病，不耐低温弱光。

产量表现 平均亩产约 10000kg。

品种来源 青岛硕丰源种业有限公司。

> **黄瓜霜霉病**
>
> 俗称"黑毛""火龙""跑马干""瘟病"。主要为害黄瓜叶片，也能为害茎秆和花序，苗期至成株期均可发病，其特点是来势猛、传播快、发病重，两周内可使整株叶片枯死，如不及时治疗将给黄瓜生产造成毁灭性影响。

二 苦瓜

1. 华碧玉

特征特性 早熟品种。该品种植株蔓生，生长势旺盛，分枝力强，节间较短。掌状裂叶，叶片绿色。第一雌花节位在主蔓第 6～8 节，侧蔓节位较低，侧蔓间隔约 3 节连续着生 2～3 朵雌花。主、侧蔓均可结瓜，商品瓜长条形、绿色，嫩瓜刺瘤较尖，苦味适中。瓜长约 40cm，横径约 5.6cm，瓜肉厚约 0.9cm，单瓜重约 340g。维生素 C 含量 998.8mg/kg。耐低温性较强，对白粉病、霜霉病抗性较强。

产量表现 平均亩产约 3000kg。

品种来源 华中农业大学。

2. 春晓 4 号

特征特性　早中熟品种，瓜外观翠绿亮丽，长短瘤相间，坐瓜率高，产量高。瓜长 35～40cm，瓜径 8cm，单瓜重 500g 以上。耐储运性好，抗病性强。耐寒、耐热、易栽培。

品种来源　福州市春晓种苗有限公司。

3. 秀绿

特征特性　早熟品种。该品种植株生长势旺盛，分枝力强，易结瓜，连续结瓜力特强，瓜条形匀称顺直，瓜色翠绿有光泽。瓜长 28～36cm，横径 6～8cm，单瓜重 600～800g。抗病、耐热、耐湿、耐储藏，品质优，商品性好。

品种来源　武汉百兴种业发展有限公司。

> **黄瓜枯萎病**
>
> 一种真菌性土传病害，其特点是难以防治且破坏力度极大。该病是由病原菌侵入黄瓜的根颈部并寄生于维管束内，阻止水和养分的吸收，导致黄瓜植株发生系统性病害。

4. BT22—14

特征特性　优质丰产的早熟杂交一代新品种。该品种植株生长势旺盛，分枝力强，易坐瓜，且膨化速度快，瓜粗长条形，碧绿色有光泽，瓜长约 35cm，肉厚，单瓜重 600～700g。抗病、耐湿、耐热、喜大肥，夏秋高温干旱不会早衰，比同类产品延迟采收 25～30 天。商品性好、品质佳。

品种来源　武汉百兴种业发展有限公司。

三　瓠瓜

1. 南秀

特征特性　早熟品种。第一分枝节位在主蔓第 4 节。叶片心形、绿色。主蔓结瓜较迟，以侧蔓结瓜为主。侧蔓第 1 节开始现雌花，连续 2～3 朵。商品瓜浅绿色，有光泽，短圆筒形。瓜长 25～30cm，横径 5cm，单瓜重 500g。品质优良，较耐储运，抗白粉病和炭疽病能力较强。

产量表现 平均亩产约 3000kg，高产的超过 3500kg。

品种来源 武汉市蔬菜科学研究所。

2. 鄂瓠杂 1 号

特征特性 早熟品种。第一分枝节位在主蔓第 4 节。叶片心形、绿色。主蔓结瓜较迟，以侧蔓结瓜为主。侧蔓第一节开始现雌花，连续 2 ~ 3 朵。商品瓜绿色，有光泽，长圆筒形。瓜长 40 ~ 45cm，横径 4.5 ~ 5cm，单瓜重 600 ~ 800g。肉质柔嫩，微甜。

产量表现 平均亩产约 3500kg。

品种来源 武汉市蔬菜科学研究所。

3. L2064

特征特性 早熟杂交一代新品种。商品瓜绿色，短圆筒形，长 20 ~ 25cm，横径 5 ~ 6cm，单瓜重约 400g。瓜肉白色、肉厚、柔嫩香甜，品质佳。较耐储运，适宜保护地和露地栽培。

品种来源 武汉市农业科学院蔬菜研究所。

4. 棒棒瓠

特征特性 早熟品种。该品种瓜皮翠绿色，短圆筒形，以侧蔓结瓜为主。瓜长 25 ~ 30cm，横径 5 ~ 6cm，单瓜重 500 ~ 600g。商品外观美，有光泽，披细茸毛，品质佳。抗白粉病及炭疽病，是蔬菜基地栽培的理想品种。适宜露地及保护地春秋栽培。

产量表现 平均亩产 2000 ~ 2500kg。

品种来源　武汉市文鼎农业生物技术有限公司。

四　丝瓜

1. 玉龙

特征特性　早中熟品种,春季播种至采收约75天。第一坐瓜节位约在主蔓第8.2节,连续坐瓜能力强。瓜条长圆筒形,瓜长27.4cm,瓜径4.7cm,单瓜重186.6g。商品瓜尾部为翠绿色,瓜身白色,皮薄而光滑,为蜡质状,有光泽。瓜肉淡绿色、细腻紧实、水分足、清香味甜,烹饪加工后瓜肉不发生褐变,视觉效果极佳。

产量表现　平均亩产约5000kg。

品种来源　武汉市蔬菜科学研究所。

2. 翡翠二号

特征特性　早熟品种。第一雌花节位在主蔓第7～8节。主、侧蔓均可结瓜,以主蔓结瓜为主,主蔓第7～8节开始现雌花,连续3～4朵,间隔1节后又可连续着生约3朵。商品瓜浅绿色,长条形,光滑顺直有光泽。瓜顶部平圆,果面有少量白色茸毛。瓜长40cm,横径5cm,单瓜重300g。瓜肉绿白色,肉质柔嫩香甜,不易老化,耐储运。

产量表现　平均亩产约4000kg。

品种来源　武汉市蔬菜科学研究所。

3. 长沙肉丝瓜

特征特性　早中熟品种。该品种植株蔓生,生长势强。主蔓第8～12节着生第一雌花,雌花节率50%~70%。分枝力强,以主蔓结瓜为主。瓜条呈圆筒形,瓜长约35.7cm,横径约7cm,单瓜重约400g。嫩瓜外皮绿色、粗糙,皮薄,被蜡粉,有10条纵向深绿色条纹,花柱肥大短缩,瓜肩光滑硬化,肉质柔软多汁,品质佳。耐热,不耐寒,耐渍水,忌干旱,适应性广,抗性强。

产量表现 平均亩产约4000kg。

品种来源 湖南省长沙市地方品种,由长沙市蔬菜科学研究所提纯复壮。

五 南瓜

1. 坂田贝贝

特征特性 早中熟日本坂田贝贝南瓜。该品种瓜墨绿色、扁圆形,单瓜重300~400g。橘黄色,厚瓜肉,强粉质,甘甜不腻,板栗味浓,口感极好。植株生长势旺盛,可双蔓整枝。雌花多,易坐瓜,单株可以结瓜10~15个,产量极高,抗病性强,商品性极强。建议

> **白粉病**
> 俗称"白毛病",是瓜类蔬菜上常见的病害之一。主要为害黄瓜、南瓜、西葫芦、冬瓜等。

搭架种植,双蔓结瓜,加强肥水管理和病虫害防治。南方地区适合早春及秋季种植,北方地区适合早春及越夏栽培。适宜大棚和露天搭架或者吊蔓栽培。

品种来源 从日本引进。

2. 健美蜜本

特征特性 早熟长形南瓜品种。该品种单瓜重约5kg。成熟时瓜皮橙黄色,瓜肉橙红色。口感细腻,甜味正,空腔小,瓜肉比例高。定植后约75天开始采收。植株分枝力中等,主蔓坐瓜为主,第一雌花着生在主蔓约

第15节位，能连续着生雌花，坐瓜率高、产量高。

品种来源　鼎牌种苗有限公司。

3. 小红灯笼

特征特性　早熟扁盘形南瓜品种。该品种单瓜重约500g，瓜皮橙红色，瓜肉橙黄色。瓜肉厚2.2cm，粉质强，甜糯，风味独特，品质优良。瓜平均生育期35天。植株生长势旺盛，雌花初花节位低，极易坐瓜，平均单株结瓜数5个，栽培条件适宜可达10个以上。

产量表现　平均亩产2000～2500kg。

品种来源　苏州市农业科学院。

4. S6 南瓜

特征特性　早熟品种。该品种在主蔓约第10节始生雌花，瓜扁圆形，单瓜重400～500g，嫩瓜绿色，充分成熟瓜深绿色，光泽度好，瓜肉黄色。肉厚，甜度高，风味好，肉质细腻，品质优良。

品种来源　汕头市金韩种业有限公司。

六　冬瓜

1. 黑熊冬瓜

特征特性　中晚熟杂交黑皮冬瓜。该品种瓜长 75～100cm，生长势旺盛，耐热，耐寒，综合抗病能力强。

品种来源　广东和利农种业股份有限公司。

2. 黑小胖冬瓜

特征特性　新组合小冬瓜，早中熟品种。该品种生长势旺盛，瓜粗圆筒形，成熟瓜墨绿色有星点。抗病性强。

品种来源　广东和利农种业股份有限公司。

第二节 茄果类新品种

 辣椒

1. 佳美 2 号

登记情况 GPD 辣椒（2018）420393。

特征特性 鲜食型杂交种。该品种植株生长势较强，株高约 100cm，开展度 72cm，坐果能力较强。果实长灯笼形，果肩微凹渐平，果顶陷带尖，三心室。果长约 16cm，横径约 4.5cm，果肉厚约 0.3cm，单果重约 50g，商品果浅绿色，味微辣。

产量表现 平均亩产约 3700kg。

品种来源 湖北省农业科学院经济作物研究所、武汉市东西湖区农业科学研究所。

2. 长研青香

登记情况 GPD 辣椒（2018）431610。

特征特性 新型皱皮辣椒杂交品种。该品种植株生长势较弱，株型半开张，分枝力强，节间较密，平均始花着生节位在主蔓第 8 节，株高 45 ~ 52cm，植株开展度 58 ~ 60cm。果长 14 ~ 16cm，果肩宽约 2.2cm，肉厚 0.15cm，平均单果重 15g。青果深绿色，熟果鲜红色，具光泽，果表皱，辣味香浓，质地脆，口感软香，膨果快。耐低温、弱光，耐湿、耐旱能力较强。

产量表现 平均亩产约 1800kg。

品种来源 长沙市蔬菜科学研究所。

3. 鼎脆

登记情况 GPD辣椒（2018）410098。

特征特性 早熟鲜食杂交种。该品种植株生长健壮，果实为长灯笼形，薄皮泡椒，果实浅绿色，果形上下一致，皮薄有皱、质嫩，口感甜辣。在适宜的温度及管理条件下，该品种生育期约130天，平均株高70cm，平均果实纵径20cm，平均果实横径3.5cm，平均果肉厚0.35cm，平均单果重80～120g。果实膨大速度较快，连续坐果能力较强，耐弱光能力较强，抗病强，耐低温，较耐高温，耐储运。不适宜盐碱地种植。

> **无限生长型**
>
> 只要光照、水分条件合适，生长点就不会死，植物的营养生长就不会停止，并具有无限延长生长的可能。

产量表现 平均亩产约3000kg。

品种来源 河南鼎优农业科技有限公司。

4. 亨椒999

登记情况 GPD辣椒（2019）440407。

特征特性 中早熟杂交一代泡椒品种。该品种生长势旺盛，叶色深绿，节间短，连续坐果能力强。果实粗锥牛角形（泡椒），绿色，光滑，微辣。果长15～16cm，肩宽5～6cm，肉厚0.4cm，单果重80～130g，大果可达150g。作红椒栽培，色泽鲜红亮丽，不易软化，货架期长，颇受菜商及消费者的青睐。

产量表现 平均亩产约2800kg。

品种来源 绿亨科技集团股份有限公司。

5. 蔬博 505

登记情况　GPD 辣椒（2020）430868。

特征特性　早熟大果皱泡椒新品。该品种植株生长势中等，青果翠绿色，软薄皮，分枝力强，坐果集中，纵折明显。果长 17～22cm，果粗约 5cm，单果重 75～100g。果形整齐度好，辣味适中，品质上乘。

产量表现　平均亩产约 3000kg。

品种来源　绿亨科技集团股份有限公司。

二　番茄

1. 吉诺比利

登记情况　GPD 番茄（2017）420090。

特征特性　无限生长型粉果薯茄中熟品种。该品种植株蔓生，生长势较旺。二回羽状复叶，叶色绿，连续坐果能力强。果皮无色，果实圆形，中等绿果肩，果顶圆平，果肩微凹，果面光滑，有微棱，单果重 230～250g。

产量表现　平均亩产约 7000kg。

品种来源　武汉楚为生物科技有限公司。

2. 甜蜜蜜

特征特性 无限生长型极早熟品种。球形红果，口感佳，不耐储运，宜鲜食，花穗整齐，连续坐果能力强，单果重 18～20g，单穗 8～12 个。萼片美观，不易脱落，转色均匀鲜亮，商品性极佳。

产量表现 平均亩产约 7500kg。

品种来源 北京中研益农种苗科技有限公司。

3. GBS-爱因斯坦六号番茄

特征特性 极早熟无限粉红色品种。与同类品种对比植株健旺，茎粗节短。秋延后栽培无黄叶，无空洞果，不早衰。果皮厚，肉硬，耐运输。着色一致，果形整齐，连续坐果能力强，果实膨大快，采收期集中。平均单果重 300g，最大单果重 600g。该品种植株体内具有多种抗病基因，对叶霉病几近免疫。高抗病毒病、筋腐病、脐腐病等病害。适宜春秋大棚、日光温室及露地栽培。

产量表现 平均亩产约 10000kg。

品种来源 大连天地种子有限公司引进。

> **番茄 TY 病毒**
> 又称番茄黄化曲叶病毒，源于中东地区和地中海盆地，主要分布在地中海西部，以及日本、美国东南部和加勒比海地区，是一种热带、亚热带地区最具毁灭性的番茄病毒病。

4. 出彩 2 号

特征特性 无限生长型巧克力条纹樱桃番茄。该品种植株生长势旺，叶片绿色，早熟，单果重 15～20g，果实短椭圆形，色泽美观，番茄红素含量高，产量高，耐运输，经济效益高。

品种来源 武汉楚为生物科技有限公司。

5. 乾德 864

特征特性 该品种植株生长势强，连续坐果能力强，果实圆形略扁，绿肩明显，含糖高，风味浓郁，口感好，单果重 150～180g，硬度好。

品种来源 上海乾德种业有限公司。

6. 京 T301B

特征特性 无限生长型抗 TY 精品大果番茄。该品种植株长势健壮，果实近扁圆形，成熟果色泽粉红，果形大，硬度好，耐裂，单果重约 300g。

品种来源 绿亨科技集团股份有限公司。

三 茄子

1. 迎春四号

特征特性 该品种极早熟。植株直立，平均株高 75cm、株幅 80cm。果实长条形，果萼紫色，果皮黑紫色，表面平滑光亮，着色均匀，果肉白绿色，果顶部顿尖。果实纵径约 35cm，横径约 3.5cm，单果重约 150g，丰产性好。耐低温、弱光能力强。

品种来源 武汉市农业科学院。

2. LWQ-225

特征特性 早熟杂交一代新品种。该品种植株生长势旺盛，萼片紫色，茄果细长条形，顺直美观，果长 30 ~ 40cm，横径 3 ~ 4cm，单果重约 200g。果面油黑亮丽，商品性好，果肉淡绿，肉质细嫩籽少，口感好，适宜大部分地区春秋大棚种植。

品种来源 四川广汉龙盛种业有限公司。

3. 紫龙九号

特征特性 早熟品种。该品种植株生长势旺盛，植株半直立，开展度中等，商品果长条形，果顶部钝尖，果长约40cm，果粗3.5～4cm，单果重200～220g。果柄、萼片均为紫色，果皮黑紫色，果面平滑光亮，转色快，高温不易褪色，果肉白绿色，肉质细腻，硬度适中。连续坐果能力强，丰产性强，耐高温能力强。适宜长江流域早春大棚或露地栽培，及夏秋露地栽培。

品种来源 武汉市农业科学院。

4. LQ-2108

特征特性 早熟长棒形紫茄品种。该品种果实纵径35～40cm，横径5～6cm，单果重约300g。果面油黑亮丽，光泽度好，肉质细嫩，品质佳。萼片紫色，果实顺直，果形美观，商品卖相好。植株生长势旺盛，连续坐果能力较强，抗病性较好。丰产耐运，适宜大部分地区早春大棚或露地栽培，以及秋季种植。

品种来源 四川广汉龙盛种业有限公司。

5. 鄂茄红韵

特征特性 早熟长条形紫茄品种。该品种植株开展度小，生长势及分枝力中等。果端顿圆，商品果紫红色，平滑光亮，果肉白色，果实纵径 35 ~ 40cm，横径 3.5 ~ 4cm，单果重约 160g。萼片绿色，较耐低温。

品种来源 武汉蔬博农业科技有限公司。

6. 云川 15 号

特征特性 高品质紫红棒茄新品。该品种植株生长习性半直立，叶片大小中等，叶面平展光滑，高温下果实色泽及果形无明显变化，果实紫红色，亮度极高，果长约 30cm，果径粗 6 ~ 7cm，果形均匀整齐，顺直性好，籽少肉嫩，软糯清甜，商品外观及口感品质俱佳。抗逆性强，耐短期低温。

品种来源 绿亨科技集团股份有限公司。

第三节 白菜类新品种

 大白菜

1. 亚非阳春三月

登记情况　GPD 大白菜（2020）420228。

特征特性　越冬晚熟大白菜品种。该品种植株直筒形，芯黄，结构好，整齐度高。适期栽培，生长势旺盛，产量高，单球重可达3kg。耐低温性好，耐病能力较强。在圃性好，田间收获期长，商品性佳。

产量表现　平均亩产 5000～7500kg。

品种来源　泷井种苗株式会社。

> **炭疽病**
>
> 大白菜等作物上最主要的病害，也是我国各蔬菜产区白菜生产上的重要病害。引起大白菜炭疽病的病原为芸薹炭疽菌。

2. 早熟 5 号

登记情况　GPD 大白菜（2018）330928。

特征特性　该品种外叶淡绿色，叶柄较厚，叶球叠抱呈倒锥形，菜质柔软，品质优良。单球重约 1.5 kg，生长期 50～55 天。适合作早熟品种栽培，也适宜高温、多雨时期作小白菜栽培。作小白菜栽培时，叶形美观，叶片无毛，叶缘光洁，叶色适中，株型美观，口感品质好。适应性广，耐热，耐寒，抗性强，生长迅速，一般 20 多天就可以采收上市，可以连续多茬播种。中抗霜霉

73

病，抗病毒病、软腐病，特抗炭疽病。耐热，耐湿，但冬性弱。

产量表现　平均亩产约 3000kg。

品种来源　浙江省农业科学院。

3. 菊锦

特征特性　该品种不易抽薹，抗病，较少出现生理障碍。适期播种定植 60 天后可采收，外叶少，可适当密植。炮弹形，内叶鲜黄，品质优良，球重 2.5～3kg，产量高。适宜春季温床育苗小拱棚加地膜覆盖栽培，也可用于春季露地栽培。

品种来源　北京中科京研种苗有限公司引进。

4. 傲雪玲珑

特征特性　中熟，全生育期约 85 天。植株生长势旺盛，外叶深绿、微皱，叶球直筒形、微叠抱，内叶金黄。单球重 2～2.5kg。耐寒性强，抗病性强，商品外观好，品质佳，陆地留存时间长。适宜平原地区秋季种植。

品种来源　武汉市文鼎农业生物技术有限公司引进。

二　小白菜

1. 汉白玉

特征特性　该品种植株形态整齐一致，商品性好，束腰美观，株型直立，株高 17.8cm，开展度 27.1cm。叶片圆形，叶色淡绿，光泽度好，叶柄宽白，柄长 5.5cm，柄宽 4.5cm，叶片数 13～15 片。抗病性强，高抗霜霉病、软腐病、病毒病。播种后 30～40 天可采收，产量高。晚抽薹性较强，适应性广。适宜湖北省平原地区 3—5 月和 8—12 月播种。

产量表现　平均亩产 2000kg 以上。

品种来源　武汉市农业科学院蔬菜研究所。

2. 南京矮脚黄

特征特性　该品种株高 28.8cm，开展度 31.7cm。单株平均叶片数 20 片，近圆形，全缘，翠绿色，叶梗白色，属半圆梗，单株重 485g。生长期 60～80 天，品质优，风味甜脆而鲜嫩。对土壤条件的要求不严格，偏酸的黏土、偏碱的沙壤土中均可栽培。耐寒性较强，在短期的 -5℃气温条件下，无严重冻害，抽薹期亦较晚。对病毒病及霜霉病的抗性较强，不耐储藏，须及时供应市场。

> **白菜软腐病**
>
> 又叫腐烂病、烂疙瘩、水烂等。全国各地普遍发生。此病为害期长，在田间、储藏期、销售期等都会引起作物腐烂，造成重大损失。因此，它与病毒病、霜霉病统称为大白菜三大病害。

产量表现　平均亩产 3000～4000kg。

品种来源　南京农业大学。

3. 上海青

特征特性　该品种叶少茎多，因菜茎白得像葫芦瓢，所以，上海青也被称为瓢儿白。植株形态整齐一致，生长速度快，株高 10～15cm，口味佳。耐热、耐寒、抗病，品质好。

品种来源　南京绿领种业有限公司引进。

4. 华冠

特征特性　该品种植株株型直立，株高 20 ~ 22cm，开展度 23 ~ 24.5cm。叶长 11.7cm，叶宽 8.7cm，呈长圆形。叶面平滑，全缘，青绿色，光泽度好。叶柄长 6cm，肥厚，匙羹形，单株重 100g。极早熟，播种至初收 33 ~ 36 天。耐热，冬性强。株型束腰，矮脚，品质优良。

品种来源　日本武藏野种苗园株式会社培育、广东省良种引进服务公司。

5. 夏特 16 号

特征特性　适合春秋季种植的青梗菜。中矮脚种，叶色深绿，叶梗绿，叶梗厚，生长速度较快，叶柄基部肥厚，口感好。宜选择疏松、肥沃、保水、保肥的壤土或沙壤土栽培。可用移栽种植或撒播作小菜种植。

品种来源　福州友田种有限公司。

6. 快好 3 号

特征特性　新育成的杂交一代耐寒快菜品种。该品种耐寒性较好，抽薹较慢。叶色淡绿，菜形半直立，美观，产量高。适宜冬春露地或大棚种植。选择疏松、肥沃、保水、保肥的沙壤土栽培。

品种来源　福州友田种有限公司。

第四节　甘蓝类新品种

一　花椰菜

1. 白马王子 80 天

特征特性　中早熟品种，从定植到采收 80 ~ 85 天。该品种植株大小中等，叶色深绿，蜡粉中等，芯叶扭卷护球，花球洁白紧实，质地柔嫩，单花球重 1.5 ~ 2kg。适应性广，播期弹性强，耐运输。

品种来源　温州市神鹿种业有限公司。

> **甘蓝类蔬菜**
>
> 包括芥蓝、花椰菜、结球甘蓝、球茎甘蓝等。甘蓝类蔬菜常见病害有霜霉病、黑根病、黑斑病、黑腐病、软腐病、菌核病、根肿病、黑胫病、灰霉病等。

2. 玉盘

特征特性　早熟杂交一代品种，定植后约 65 天可采收。该品种植株生长势旺盛，抗逆性强，适应性广。蕾枝青绿色，花球松大偏紧，花蕾洁白，单球重约 1kg，肉质柔软，商品性好。

产量表现　平均亩产 1000 ~ 1500kg。

品种来源　武汉世真华龙农业生物技术有限公司。

3. 亚非松花 95

特征特性　中熟杂交一代品种。该品种生长势旺盛，秋季定植后 90 ~ 95 天可采收，花球洁白，梗青且粗，花形圆整松大，产量高，单球重 1.2 ~ 1.7kg。适应温差较广，品质好，商品性佳，是市场流行的青梗松花中晚生品种。

产量表现　平均亩产 1500 ~ 2000kg。

品种来源　武汉亚非种业有限公司引进。

4. 松不老 55 天

特征特性　最新型花菜，秋季耐热早熟品种，秋季定植后 55 ~ 60 天可采收。该品种花梗碧绿，花球洁白、甜脆，松而不老，烹饪时熟而不烂，适口性好。单球重约 1.2kg，是目前最早熟、最流行的花菜。

品种来源　天津惠尔稼种业科技有限公司。

5. 长胜 70 天

特征特性　中早熟一代杂交品种，春播定植后约 55 天采收，秋播定植后约 70 天可采收。该品种花球松大、雪白，花梗浅绿色，花形圆整，商品性好，单球重 1.8kg。产量高，品质优。抗雨耐湿，生长强健，抗病性强。湖北省地区春播在 2 月上中旬保护地播种，露地在 6 月下旬至 7 月下旬播种。

品种来源　台湾长胜种苗有限公司。

6. 青花瓷

特征特性　中晚熟杂交一代花椰菜品种，定植后约 90 天可采收。该品种植株生长势旺盛，不易空心。花球高圆呈蘑菇形，球形美观，花蕾细腻，深绿色，商品性好，产量高，适宜鲜食和深加工。抗逆性强，适应性广。

产量表现　平均亩产 1500～2000kg。

品种来源　武汉世真华龙农业生物技术有限公司。

二　结球甘蓝

1. 亚非鑫旺旺

登记情况　GPD 结球甘蓝（2020）420293。

特征特性　较早熟品种，定植后一般在 58～63 天可采收，可适用于春、秋两季栽培，尤其是秋季种植表现更为突出。该品种叶球圆球形，单球重 1.25～1.5kg。叶片厚，光泽性好，颜色鲜绿，根系发达。耐低温性较好，抗病、抗逆性较好，低温期间在圃性较长，商品性极佳。

产量表现　平均亩产 4000～6000kg。

品种来源　武汉亚非种业有限公司。

2. 绿绮罗

登记情况　GPD 结球甘蓝（2019）420005。

特征特性　早熟圆球甘蓝，定植后 55～60 天可采收。该品种单球重 1.2～1.5kg。颜色绿，光泽好，绿叶层多，黄芯，底部皱叶层多。商品性极佳，开展度小，外叶层数少，每亩定植约 4500 株。适宜湖北省地区越冬栽培。结球性和丰产性稳定，商品性一致，综合抗病性强。

产量表现　平均亩产 4500～5000kg。

品种来源　武汉亚非种业有限公司。

3. 楚天绿

特征特性　晚熟扁球甘蓝，定植后 100～120 天可采收。该品种厚扁球形，单球重 2～2.5kg。外叶色绿，叶球鲜绿光泽，球形美观。耐寒性好，耐裂球。2—4 月采收，采收期长，开展度大，每亩定植 3000 株。适宜湖北省地区越冬栽培。

品种来源　武汉楚为生物科技有限公司。

第五节　薹类新品种

一　白菜薹

1. 49～19 菜心

特征特性　早熟品种，从播种至初次采收约 30 天。该品种植株生长势旺盛，叶片长椭圆形，黄绿色。耐热、耐湿，抗逆性较强。

产量表现　平均亩产 900～1200kg。

品种来源　广东省良种引进服务公司。

2. 雪婷 45

特征特性　极早熟品种，定植后约 25 天

> **大白菜病毒病**
> 在周年栽培十字花科蔬菜的地区，病毒能不断地从病株传到健株上引起发病，病毒可以在田间十字花科蔬菜、菠菜及杂草上越冬，引起翌年十字花科蔬菜发病。

可采薹。侧薹萌发快，侧薹及孙薹 20 根以上，薹浅绿白色，长 25～30cm，粗约 1.5cm，薹叶细长披针形。抗病能力强，耐热，抗寒，产量高。

品种来源　武汉市文鼎农业生物技术有限公司。

3. 雪婷 80

特征特性　早熟品种，从定植至采收 45～50 天。主薹白嫩，薹粗壮，长约 30cm，不易糠心。薹叶细长，叶片厚，嫩绿色，侧薹发薹快，每株采薹 20 根。既耐热又耐寒。

产量表现　平均亩产约 2000kg。

品种来源　武汉市文鼎农业生物技术有限公司引进。

二　紫菜薹

1. 大股子

特征特性　该品种植株高大，叶簇开张。基叶广，卵形，暗紫红色，叶面有蜡粉，主薹紫红色，长 50～60cm，茎粗 2cm，菜薹单株重 50g。薹基部大，似喇叭。薹叶紫红色，披针形。植株腋芽萌发力强，可抽薹 20～30 根。早熟，较耐热，耐寒性弱，忌渍怕旱，抗病性较差。菜薹质地脆嫩，纤维少，味鲜美，品质较好。

> **大白菜霜霉病**
>
> 真菌性病害，以叶片发病为主，薹、花及种荚也会受害。感病以后，叶面产生水渍状褪绿斑，后发展为黄褐色。

产量表现　平均亩产 1250～1500kg。

品种来源　武汉市地方品种。

2. 小叶亮红

特征特性　早熟优质无蜡粉鲜红亮的红菜薹新品种。从播种至采收约 60 天，主薹、侧薹抽生快，薹色鲜红亮，无蜡粉，薹叶尖细，薹长约 30cm，茎粗 1.5～2cm，口感甜，卖相好，产量适中。

产量表现　平均亩产约 1500kg。

品种来源　武汉市文鼎农业生物技术有限公司。

3. 小叶红棒棒薹

特征特性　中熟，从播种至采收约 70 天。植株生长势旺盛，薹粗壮，粗 2.5cm，薹鲜红亮、无蜡粉。商品性好，品质佳，耐寒性强，产量高。红菜薹主薹宜早采。注意防治蚜虫、菜青虫、小菜蛾等。莲座期预防霜霉病，采收后预防软腐病。

产量表现　平均亩产约 2000kg。

品种来源　武汉市文鼎农业生物技术有限公司。

4. 江大紫菜薹 1 号

特征特性　早熟，从播种到采收 58 ~ 62 天。植株生长势旺盛，株高 55 ~ 62cm，开展度 70 ~ 75cm。基生莲座叶 9 ~ 10 片，叶片椭圆形，叶色绿，叶柄、叶主脉为紫红色。菜薹无蜡粉，色泽紫红，着色均匀，薹粗，质嫩，单薹重 30 ~ 50g，薹长 30 ~ 40cm，薹粗 1.8 ~ 2.2cm，薹叶披针形。风味品质较佳，外观商品性好，综合性状优良。

产量表现　平均亩产 2100 ~ 2400kg。

品种来源　江汉大学。

三 西兰苔

亚非西兰苔一号

特征特性 杂交一代西兰苔。该品种较耐高温，风味好，分枝数多，产量较高。花和茎的纤维少，口感香甜柔软。侧枝长到 15 ~ 18cm 开始采收，炒、生吃、煮、腌制均可。口感与芦笋相似，适宜鲜销和外调蔬菜产业，以及家庭菜园种植。

产量表现 平均亩产约 1250kg。

品种来源 武汉亚非种业有限公司。

四 油菜薹

1. 狮山菜薹

特征特性 特早熟油菜薹品种。该品种叶色浅绿，叶柄、叶脉白色，有蜡粉，株高 50 ~ 60cm，株型紧凑，开展度 45 ~ 50cm。分枝力强，主薹 1 根，侧薹 7 ~ 8 根，孙薹 15 ~ 20 根。适应性广，耐热，耐寒，抗病性强。口感清脆，清香微甜，有劲道，回味足，营养品质好，维生素 C、维生素 B_2、钙、铁、锌和硒等微量元素含量高。

产量表现 平均亩产约 2300kg。

品种来源 华中农业大学。

2. 硒滋圆 1 号

特征特性 中国农业科学院王汉中院士团队选育的全球首个硒高效蔬菜杂

交种。具有极强的硒富集能力，在不施加外源硒的非富硒土壤中，可生长出高硒蔬菜标准（硒含量在 0.01mg/kg 以上）的油菜薹。还具有高钙、高维生素 C、高氨基酸和高锌的特性。营养丰富，颜色翠绿，口感脆嫩，医疗保健功效开发潜力巨大。'硒滋圆 1 号'播种后一般 2 个月即可采收，一次种植可采摘 3 ~ 4 茬。环境适应性强，对温度和光周期无特殊要求，可四季抽薹。

产量表现　平均亩产 600 ~ 800kg，最高可达 1500kg。

品种来源　中国农业科学院油料作物研究所。

3. 硒滋圆 2 号

特征特性　中国农业科学院王汉中院士团队，在全球首个硒高效菜用油菜杂交种'硒滋圆 1 号'品种基础上，选育了专用菜用杂交种'硒滋圆 2 号'。其同样具有高硒、高钙、高维生素 C 和高锌的特性。相比于'硒滋圆 1 号'，'硒滋圆 2 号'更早薹，硒富集能力更强。

品种来源　中国农业科学院油料作物研究所。

第六节　豆类新品种

一　豇豆

1. 华赣龙纹豇

特征特性　花皮豇豆新品种。该品种蔓生，分枝力强，叶片大小中等，叶色深绿。嫩荚长 60 ~ 65cm，荚色为白底红花纹，肉厚，纤维少，风味好，商品性状极佳。适应性广，适宜春、秋种植，是稀有的特色豇豆新品种。

产量表现　肥水条件充足，田间管理措施得当，亩产可高达 1700 ~ 1800kg。

品种来源　江西华农种业有限公司。

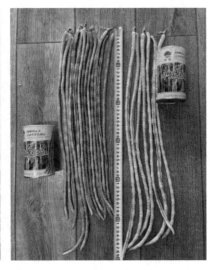

2. 银龙早冠

特征特性　早熟品种。主蔓第一花序着生于第 3 ~ 4 节。商品条荚银白色，荚面光亮，荚长 70 ~ 80cm，糯性好。条荚粗壮，肉质厚，品质优，是目前消费者公认品质好的特色品种之一。

产量表现　肥水条件充足，田间管理措施得当，亩产可高达 1700 ~ 1800kg。

品种来源　江西华农种业有限公司。

3. 鄂豇豆9号

特征特性　早中熟豇豆品种。一般春季栽培从播种到开始结荚约为50天，秋季栽培约为40天。该品种植株蔓生，属无限生长型，生长势较旺，分枝力中等。叶片大小中等，绿色。主蔓第一花序着生于第3～5节，花浅紫色。植株中层结荚集中，双荚率较高，荚形顺直，鼠尾率低，荚浅绿色，荚长约63cm，荚粗约1cm，单荚重约20g。种皮红色，每荚种子粒数约19粒。商品性好，适宜鲜食和腌泡制加工。

品种来源　武汉市蔬菜科学研究所。

4. 鄂豇豆6号

特征特性　早熟豇豆品种。该品种植株蔓生，主蔓第一花序着生于第3～5节，结荚多，以双荚为主，荚长约80cm，最长可达1m，荚粗1.2～1.5cm。荚形顺直，荚翠绿色，无鼓粒，后期亦无鼠尾，商品外观佳。荚肉厚，品质佳，抗病性强，耐湿热。鲜食、腌制、干制均可。适宜春、夏、秋季种植。

品种来源　江汉大学。

5. 鄂豇豆12号

特征特性　中熟豇豆品种。该品种植株蔓生，生长势较旺。茎粗壮，节间较短，分枝数2～4个。主蔓第一花序着生于第4～6节，始花后第7节以上均有花序，花紫色。花序多生双荚，持续结荚能力强。荚深绿色，长圆条形，有红嘴，荚长约 75cm，荚粗约 0.8cm，单荚重约 23g，单株结荚约 14 个，荚条均匀，极少有鼠尾和鼓粒现象。

品种来源　江汉大学。

6. 楚园早佳

特征特性　极早熟豇豆品种。该品种第一花序节位低，荚色嫩绿，荚长圆形，荚长 60 ~ 68cm，以双荚居多，商品性好。适应各地大棚或露地栽培。

品种来源　武汉金正种业有限公司。

7. 鄂豇豆 7 号

特征特性　该品种植株矮生，生长势旺盛，分枝数较多。单株平均结荚 13 个，嫩荚浅绿色，长圆条形，荚腹缝线较明显，荚略有红嘴。平均荚长 43cm，荚粗 1.1cm，平均单荚重 27g。对光周期反应不敏感，田间枯萎病、锈病发病率低。

品种来源　江汉大学。

二　菜豆

1. 泰国架豆王

特征特性　中早熟菜豆品种。该品种植株生长势旺盛，侧枝较多。生长表现稳定，产量高。从播种到采收嫩荚约 75 天。荚绿色，肉厚，无筋，无纤维，商品性好，抗病性好，荚长 30cm 以上。

品种来源　江苏省农科院豆类研究所引进。

2. 西杂王

特征特性 极早熟菜豆品种。该品种植株蔓生，主蔓第一花序在第 2～3 节，豆荚结成性强。豆荚条形，扁而宽，无鼓粒，浅绿白色，荚长 20～25cm，荚宽 1.5～2cm。耐储运。

品种来源 武汉市文鼎农业生物技术有限公司选育。

3. 台湾 48

特征特性 早熟菜豆品种。该品种具有限结荚习性，从出苗到鲜荚上市约 65 天。株高约 55cm，主茎节数约 15 个，分枝数 5 个以上。种皮绿色，三粒荚较多，鲜荚青绿色，具白色茸毛。鲜荚籽粒饱满，口感甜糯。抗病性强，具抗逆性。

产量表现 平均亩产约 1000kg。

品种来源 武汉世真华龙农业生物技术有限公司。

4. 鄂菜豆 1 号

特征特性 该品种植株生长势旺盛，蔓生，早熟。商品荚浅绿色，长圆棍形，荚条直，荚长 19cm，荚宽 1.2cm，肉厚 0.35cm，单荚重 13g，单株平均结荚 32 个。结荚集中，持续结荚能力强。

产量表现 平均亩产达 1650kg 以上。

品种来源 江汉大学。

5. 江大紫菜豆 1 号

特征特性 该品种植株生长势旺盛，蔓生，早熟。商品荚紫红色，长圆棍形，荚长 19.5cm，荚宽 1.1cm，肉厚 3.2mm，单荚重 15.4g，单株平均结荚 29～31 个。产量高，持续结荚能力强。

产量表现 平均亩产约 1700kg。

品种来源 江汉大学。

第七节 根茎类新品种

一 萝卜

1. 长白春

特征特性 该品种植株在叶苗期匍地生长，中后期半直立生长。根皮纯白光滑，裂根少，根长40cm，根径6~7cm，单根重1~1.2kg。口感好，品质优良。适宜在春季保护地、秋季露地栽培，播种后约60天可采收。耐低温，不易抽薹，不适宜高温时期栽培。

> **春性萝卜**
>
> 根据萝卜品种间春化特性的差异，我国萝卜种质资源可分为春性系统、弱冬性系统、冬性系统和强冬性系统。

品种来源 从韩国引进。

2. 玉长河

特征特性 春性白萝卜品种。该品种根形长大，表皮光滑，通体洁白，对长期湿热气候及低温表现为不敏感性。全生育期约55天，根长40cm以上，根径7cm，单根重1kg以上。

品种来源 武汉振龙种苗有限公司引进。

二 莴苣

1. 盛夏王

特征特性 夏秋专用莴苣品种。该品种叶片长椭圆形，色绿，皮嫩，茎粗，节间稀密适中，肉翠绿，味清香。耐热性极强，在15~35℃气温下生长效果好，生长后期可抗40~42℃高温。不易抽薹。定植后约40天可采收，单株重者可达0.8~1kg。

品种来源 四川广汉龙盛种业有限公司。

2. 三青王

特征特性 青皮青肉莴笋。该品种叶片圆形，色浓绿，开展度小。茎粗，单株重 1～2kg。耐寒，抗病。在 3～20℃气温条件下生长良好。晚秋、冬季栽培特色品种。

品种来源 四川种都农业有限公司。

3. 火箭一号

特征特性 最新选育的红尖叶莴笋。该品种叶片细长，呈披针形，叶色紫红。笋茎长棒形，外皮淡紫红色，叶稀，皮薄，肉绿，香味浓，质脆嫩。适宜生长温度 8～25℃，适合秋、冬季栽培。

品种来源 四川种都高科种业有限公司。

4. 极品青冠

特征特性 特新耐寒莴苣品种。该品种皮深绿，叶深绿，肉深绿，肉嫩脆而清香，品质极佳，属晚秋、冬季栽培的特色品种。叶片椭圆形，单株重可达 1kg，产量高。适宜在长江流域 9—11 月播种。

品种来源 四川种都高科种业有限公司。

第八节 叶菜类新品种

一 油麦菜

四季香油麦菜

特征特性 速生型高品质叶菜品种。该品种叶片细尖,色翠绿。质嫩翠而鲜香,茎叶两用,以食叶为主。生长势旺盛,抗病、丰产性强,生长周期短,播种后约35天可采收。

品种来源 四川广汉龙盛种业有限公司。

二 生菜

1. 意大利耐抽薹生菜

特征特性 早熟结球生菜品种。该品种适温下定植后约50天可采收。叶色绿,叶球圆,叶紧实,单球重400~600g,口感爽脆,商品性好,较抗热,抗性好,适宜在春、秋季种植。

品种来源 郑州市郑研种苗科技有限公司引进。

2. 日本结球生菜

特征特性 该品种植株生长习性半直立,生长速度快。叶片包球,颜色嫩绿。生长势旺盛,适应性广,风味佳,形态绮丽。叶质肉嫩,生食、炒食品质好。高温时不易结球。在南北方皆宜种植,适合保护地和露地栽培。

品种来源 河北省青县钰禾种业(蔬菜育种中心)。

> **生菜的分类**
> 生菜主要分为结球生菜、皱叶生菜和直立生菜三种。结球生菜和结球甘蓝的外形相似,其顶生叶形成叶球,呈圆球形或扁圆球形,食用部分为叶球,口感较鲜嫩;皱叶生菜又称散叶生菜,其叶片呈长卵圆形,簇生如花朵,叶柄较长,叶缘波状有缺刻;直立生菜又称长叶生菜,和皱叶生菜一样不结球,但心叶卷成圆筒状。

三 芹菜

1. 玻璃脆

特征特性 该品种株高 80～90cm，品质好，梗粗纤维少。平均单株重 0.5kg，稀植时单株重可达约 1.5kg。叶绿色，叶柄粗约 1cm，黄绿色，肥大而宽厚，光滑无棱，具有光泽。茎秆实心，组织柔嫩脆弱，纤维少，微带甜味，炒食凉拌俱佳。较耐热，耐旱，耐肥，耐寒，耐储藏，定植后约 100 天可采收。一年四季均适宜栽培。

品种来源 开封市蔬菜所。

2. 百利西芹

特征特性 西洋芹菜品种。该品种植株较大，叶色翠绿，叶片较大，叶柄抱合紧凑，浅绿色。株高 80cm，横断面上半圆形，腹沟较浅，叶柄肥大，宽厚，茎部宽 3～5cm，叶柄第 1 节长度 27～30cm。该品种抗病性强，对芹菜病毒、叶斑病抗性较强。单株重量达 2kg 以上。

品种来源 武汉金正现代种业有限公司引进。

四 菠菜

1. 日本全能

特征特性 中晚熟一代杂交种。该品种植株生长习性半直立，生长期约 80 天，株高 50cm，开展度 75cm，外叶深绿，叶面皱，叶球中桩叠抱，结球紧实，单株重约 4.5kg。较抗病毒病、霜霉病、软腐病。

产量表现 平均亩产可达 7500～9000kg。

品种来源 江西赣昌种业有限公司引进。

2. 金盾

特征特性 早中熟品种。播种后 40～45 天可采收。戟形叶，叶片较大，叶色深绿，叶肉厚。植株生长势旺盛，株型直立，整齐度好，产量高，较耐抽薹，抗霜霉病，适宜春、秋季栽培。

品种来源　武汉汉研种苗科技有限公司。

五　苋菜

1. 武红圆苋菜 1 号

特征特性　早熟苋菜品种。该品种株高约 24cm，叶片圆形，中央鲜紫红色，边缘绿色，叶肉较厚，耐老化，叶柄绿色。从播种到采收约 40 天。质柔嫩、味鲜美。耐低温、高温能力较强，适应性广。

品种来源　武汉市蔬菜科学研究所。

2. 武白圆苋菜 1 号

特征特性　该品种株高 28cm，叶圆阔，叶片白绿色，叶柄白绿色。生长期 30～35 天。耐湿热，抗病。纤维少，清甜无渣，口感好，品质优。

产量表现　平均亩产约 2500kg。

品种来源　武汉市蔬菜科学研究所。

六　蕹菜

1. 泰国尖叶

特征特性　该品种株高 40～50cm，开展度 30cm，大尖叶，叶面平滑，嫩绿。茎中空，有节。茎叶质地柔嫩，纤维少，品质好。播种后 50～60 天可采收，可连续采收约 60 天。适应性广，抗热、耐涝、怕霜冻。

品种来源　广东汕头市金韩种业有限公司引进。

2. 吉安大叶

特征特性　该品种植株生长速度快。株高约 25cm，叶呈长卵形，先端尖，叶长约 6cm，叶宽约 4cm。叶片绿色，纤维少，口感软滑，味道好，品质优，抗逆性强。

品种来源　江西吉安地方品种。

七　芫荽

1. 新西兰大叶香菜

特征特性　该品种植株生长势旺盛，抽薹晚。株高 28～30cm，开展度 15～20cm，单株重 18～20g。叶片绿色、圆形、边缘深裂，叶柄白绿色。纤维少，品质佳，香味浓。适应性广，耐寒，耐热，耐旱，抗病虫害。

品种来源　从新西兰引进。

2. 泰国大叶香菜

特征特性　该品种株高约 20cm。叶为羽状复叶，呈青绿色，叶缘齿状，叶柄细而柔嫩，分蘖力强，适应性广，耐肥，耐病。气味香郁，品质佳。

品种来源　广东省良种引进服务公司。

八　藜蒿

1. 云南绿杆藜蒿

特征特性　该品种成株株高 80cm，茎粗 0.8cm，叶长 15cm，叶宽 10.8cm，裂片较宽且短，幼茎绿白色，纤维少，半匍匐生长。目前为武汉市主栽品种，产量较高，品质较好。

品种来源　从云南引进。

2. 小叶白

特征特性　该品种植株株高 74.2cm，茎粗 0.54cm，叶长 14.2cm，叶宽 15cm。茎绿白色，叶背绿白色，有短茸毛，茎秆纤维较少，品质佳。

品种来源　从南京引进。

九 叶用甘薯

1. 福薯 18 号

特征特性 该品种植株腋芽再生能力强，节间短，分枝数多，生长习性较直立，茎秆脆嫩，叶柄较短。叶片和嫩梢无茸毛，开水烫后颜色翠绿，有香味、甜味，无苦涩味，口感嫩滑，适口性好，适应性强。

产量表现 一年四季均亩产量可达 4000 ~ 6000kg。

品种来源 福建省农业科学院作物研究所。

2. 鄂薯 1 号

特征特性 该品种植株各基部平均分枝数 10.8 个，平均茎粗 0.28cm，茎尖、茎蔓、叶片、叶柄、叶脉均为嫩绿色，茸毛极少，叶片心形，清秀细嫩。基部生长旺盛，腋芽再生能力强，茎叶产量高，薯尖采摘后还苗快，一般 10 ~ 12 天可采收 1 次。该品种若作薯块栽培，单株结薯 4 ~ 6 个。薯块长纺锤形，薯皮淡红色，薯肉橙红色。

产量表现 平均亩产约 3500kg。

品种来源 湖北省农业科学院。

第九节　水生蔬菜类新品种

一　莲藕

1. 鄂莲 10 号

特征特性　早熟莲藕品种。该品种主藕 5～7 节，主藕节间形状为中短筒形。子藕粗大，藕表皮黄白色，商品性好，宜炒食。长江中下游地区 7 月上旬每亩收青荷藕 1200kg，或 8 月上旬以后收老熟藕 2100kg。适合于早熟栽培，尤其适合于保护地种植。

> **水生蔬菜的分类**
> 我国水生蔬菜主要有莲藕、茭白、芋、荸荠、菱角、蕹菜、慈姑、芡实、水芹、莼菜、豆瓣菜等。

品种来源　武汉市蔬菜科学研究所、武汉蔬博农业科技有限公司。

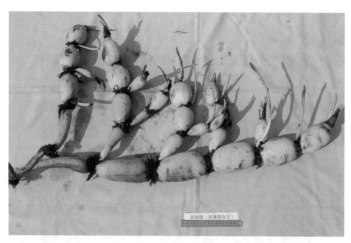

2. 鄂莲 11 号

特征特性　早中熟莲藕品种。该品种藕入泥浅，主藕 6～8 节，主藕节间形状为中短筒形，藕表皮白色，主藕、子藕粗大。每亩可收老熟藕 2500～3000kg，产量高，商品性好，宜炒食。

品种来源　武汉市农业科学院蔬菜研究所。

3. 鄂莲 12 号

特征特性　早中熟莲藕品种。该品种藕入泥浅，主藕 6～7 节，主藕节间形状为中筒形，藕表皮黄白色。每亩可收老熟藕 2500～3000kg，产量高，商品性好。

品种来源　武汉市农业科学院蔬菜研究所。

4. 鄂子莲 1 号

特征特性　该品种花单瓣,粉红色,莲蓬扁圆形,着粒较密,单个莲蓬莲子数 32～35 个,结实率 77%。鲜果单粒重 4.2g,鲜食甜。花期为 6 月上旬至 9 月中下旬。每亩有效莲蓬数 4500～5000 个,产鲜莲子 360～400kg,或铁莲子 180～200kg,或干通芯莲 95～110kg。鲜食、加工皆可。该品种成熟时莲蓬较重,应及时采摘,以免倒伏。

品种来源　武汉市农业科学院蔬菜研究所。

二 菱角

六月菱

特征特性 早熟菱角品种。该品种果两角，嫩菱果皮粉红泛绿色，单果重25g，果肉率48%。嫩菱采收始期7月上旬，可持续采收至10月上旬，每亩产菱角约1100kg。粉质程度中等，高产，商品性好。

品种来源 武汉市农业科学院蔬菜研究所。

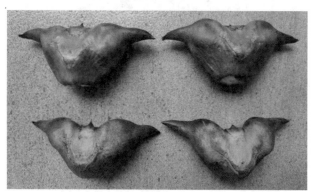

三 茭白

1. 鄂茭1号

特征特性 早熟茭白品种。该品种为单季茭，9月中下旬上市，肉质茎，呈竹笋形，表皮白色，光滑，肉质细嫩。

产量表现 平均亩产约1200kg。

品种来源 武汉市农业科学院蔬菜研究所。

2. 鄂茭2号

特征特性 该品种为双季茭。作秋茭早熟，定植当年9月中旬上市。作夏茭中熟，于定植次年5月下旬至6月上中旬上市。肉质茎，呈竹笋形，表皮白色，光滑。

产量表现 夏茭、秋茭亩产量均可达1250kg。

品种来源 武汉市农业科学院蔬菜研究所。

四　荸荠

1.鄂荸荠3号

特征特性　该品种球茎表皮红褐色，球茎扁球形，脐部较平。球茎直径5cm，高2.4cm，单个球茎重约29g，最大单个球茎重48g以上，商品果率90%（单个球茎重20g以上），鲜食口感甜脆。

产量表现　每亩产量约2400kg。

品种来源　武汉市农业科学院蔬菜研究所。

2.鄂荸荠4号

特征特性　该品种球茎表皮红褐色,球茎高圆形,脐部平。球茎直径5.2cm，高3.1cm，单个球茎重约32g，最大单个球茎重50g以上，商品率86%（单个球茎重20g以上），鲜食口感甜脆。

产量表现　每亩产量约2600kg。

品种来源　武汉市农业科学院蔬菜研究所。

五　芋

1.鄂芋1号

特征特性　早中熟白芽多子芋品种。该品种叶柄紫黑色，单株子孙芋25个，重约1.4kg，子孙芋呈卵圆形，芋形整齐，棕毛少。

产量表现　每亩产量2000～2500kg。

品种来源　武汉市蔬菜科学研究所。

2.鄂芋2号

特征特性　晚熟红芽多子芋品种。该品种叶柄乌绿色，单株子孙芋约18个，单株子孙芋重约0.9kg，子孙芋呈卵圆形，芋形整齐，棕毛少。

产量表现　每亩产量1700～2200kg。

品种来源　武汉市蔬菜科学研究所。

六　水芹

鄂水芹 1 号

特征特性　该品种植株株高 45～50cm，单株叶片数约 5 片，叶柄长 18～21cm，茎、叶绿色，质地脆嫩。

产量表现　每亩产量约 3000kg。

品种来源　武汉市蔬菜科学研究所。

第三章

果茶作物新品种

一 桃

1. 春雪

特征特性 全红、早熟毛桃品种。该品种上市早，果面浓红色，肉质硬脆，风味甘甜。可溶性固形物含量12%，品质中上。果实挂树时间长达15天，不落果，可分次选大小一致的果实采收，大大地提高了果实品质。果实圆形，果顶尖。大果型，平均单果重200g，最大果重366g。采后耐储运，抗病虫能力较强。

品种来源 从美国引进。

> **桃**
>
> 桃有丰富的营养价值，有"水果天后"的美誉，是老幼皆宜的上佳果品。桃适应性强，萌芽力、成枝力好，树势中庸，早丰产，深受广大果农青睐。我国是桃的原产地，鲜桃正成为不少地方的"致富果"。

2. 锦绣

特征特性 该品种外观漂亮，肉色金黄，果形整齐匀称，平均单果重 180g，平均糖度 13°~15°，核小。成熟后肉质较软，食时软中带硬，甜多酸少，有香气，水分中等，风味诱人。成熟期 7 月下旬，鲜食、加工两用品种，是秋季水果市场上的佳品。

品种来源 上海市农业科学院。

二 柑橘

1. 爱媛 28（红美人）

特征特性 橘橙类杂交品种。该品种果面浓橙色，果肉极化渣，高糖优质，可溶性固形物含量达 12% 以上，有甜橙般香气。成熟期在 11 月下旬，12 月上旬完熟。从其综合经济性状看，具有较好的发展前景。但抗寒性较弱，易发生冻害，在武汉市种植时应采用设施栽培的措施。

水果外皮的蜡究竟是什么？

水果表皮刮出的白色蜡末，一般有以下 3 种情况：一是天然果蜡，可有效防止病原体进入水果内部。二是人工添加的食用蜡，多用于高级水果和进出口水果的保鲜。三是工业蜡，是人为添加的非食用蜡。

品种来源 日本爱媛县立果树试验场以'南香'为母本，'天草'为父本进行杂交，从杂交后代中选择优良株系育成的柑橘品种，华中农业大学和阳新县兴新杂柑专业合作社引进、申报。

2. 金秋砂糖橘

特征特性　该品种于 10 月中下旬成熟，可溶性固形物含量可达 12%，总酸含量约 0.4%，固酸比 25 以上，高糖低酸，果皮光滑细腻易剥离，果实无核，肉质细嫩化渣，入口即化。在年平均温度 16 ~ 21.5℃的区域生长表现良好。但抗寒性较弱，易发生冻害，在武汉市种植时应采用设施栽培的措施。

品种来源　中国农业科学院柑橘研究所。

3. 大分四号

特征特性　该品种从'日南 1 号'中选出，成熟期早约 10 天。在湖北省种植时，8 月中下旬开始着色，9 月中旬完全着色。果皮成熟后颜色较深，完全成熟时呈橙红色，果实扁圆形，平均果重 125g，不易浮皮，9 月上旬糖度可达 10°，9 月中下旬糖度可达 13°，口感甜酸爽口。该品种是目前成熟较早的特早熟温州蜜橘品种，植株生长势中上等，易丰产。

品种来源　常德市农科院 2005 年从浙江引入的日本大分县选育的品种。

4. 华红橘 1 号

特征特性　该品种在武汉市种植时，3 月下旬萌芽，4 月中旬始花，11 月中下旬成熟。果实扁圆形，果面较光滑，单一栽培少籽或无籽，混栽种籽数 5 ~ 9 粒，可溶性固形物含量可达 14%。单果重约 80g。与枳壳、锦橙、温州蜜柑等嫁接亲和。抗冻性、抗旱涝性与中熟温州蜜柑相当。

品种来源　华中农业大学、荆门园林果树科研所用浙江地方红橘品种'满头红'芽变经无性繁殖育成的柑橘品种。

5. 纽荷尔脐橙

登记情况　GPD 柑橘（2019）420017。

特征特性　甜橙类柑橘品种。该品种植株生长势较旺，树形开张，树冠圆头形。枝梢无刺或间有浅刺，叶片长椭圆形，先端急尖，叶色浓绿，叶片较厚。成枝能力中等，成花能力强，以长度 5 ~ 15cm 的春梢和早秋梢结果为主。果实短椭圆形，单果重约 250g，耐储藏。果皮橙红、光滑，果顶圆，多闭脐。3 月中旬萌芽，4 月下旬开花，果实 11 月下旬至 12 月上旬成熟。抗寒性、旱涝适应性与普通甜橙相当。可溶性固形物含量 13.5%，可滴定酸含量 0.82%，平均

单果重 264.2g，每 100g 含维生素 C 37.3mg，可食率 72.8%。平均亩产 2717kg。

品种来源 从美国引种，引种并选育单位为华中农业大学。

三 梨

1. 鄂梨 2 号

特征特性 该品种果实呈倒卵圆形，果形整齐一致，果皮绿色，近成熟时黄绿色，皮薄，具蜡质光泽。果点中大、中多、分布浅，外观美。果心极小，果肉洁白，肉质细嫩松脆，汁特多，石细胞极少，味甜，微香，品质佳。平均单果重 242g，最大果重 507g。早果性好，丰产性好，盛期平均亩产可达 2500kg 以上。该品种高抗黑星病、黑斑病，保叶能力强，不容易返青返花，对轮纹病、梨锈病的抗性'同金水 2 号'，对需冷量要求低。

品种来源 湖北省农业科学院果树茶叶研究所。

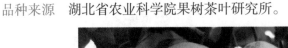

梨

梨为世界五大水果之一，是我国传统的优势果树。梨的优质体现在皮薄、肉细、香甜、清脆、汁多、味鲜、核小、无渣、耐储运。我国梨栽培种主要有：白梨、砂梨、秋子梨、新疆梨、西洋梨。

2. 玉香

特征特性 该品种果实近圆形，果形整齐一致。果皮暗绿色，果点少、浅，果面平滑。果心中大，果肉洁白，质细嫩松脆，石细胞少，味浓甜，品质佳。平均单果重 246g，最大果重 420g。不耐储藏。该品种抗黑斑病、褐斑病、轮纹病，高抗黑星病、白粉病，没有特殊病虫害发生。叶片和果实主要病害是锈病、轮纹病、黑斑病、梨木虱、梨网蝽，枝干病害以轮纹病为主。

品种来源　湖北省农业科学院果树茶叶研究所选育而成。

3. 秋月

特征特性　该品种果实略呈扁圆形，果形端正，果肩平。果肉乳白色，果核小，可食率95%以上。单果重300~400g，肉质松脆，味甘甜可口，栽后第2年即可结果，极丰产，品质佳。以中短果枝结果为主，第5年进入盛果期，长中短果枝均可结果，平均亩产可达4000kg。适应性较强，抗寒力强，耐干旱，较抗黑星、黑斑病。主要缺点是萼片宿存，树姿较直立，4~5年生骨干枝容易出现下部光秃。

品种来源　从日本引进。

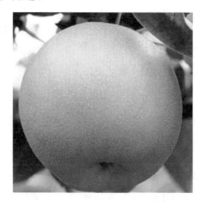

4. 翠冠

特征特性　该品种果实呈圆形，果皮浅绿色，果面果锈多，外观较好。果实肉质细嫩，汁液多，松脆爽口。平均果重230g，大果重800g以上，适时采收是保证其品质的关键，充分成熟的翠冠果实品质反而下降。花芽形成中等，

着果率高。缺点是果实外观易生果锈，套袋后可以改善外观。

品种来源　浙江省农业科学院园艺研究所。

四　葡萄

（一）早熟品种

1. 郑艳无核

登记情况　GPD 葡萄（2018）410004。

特征特性　欧美杂交鲜食品种。该品种成龄叶片三角形，果穗圆锥形，带副穗，无歧肩，穗长 19.2cm，穗宽 14.7cm，平均单穗重 618.3g，最大穗重 988.6g。果粒成熟一致，椭圆形，粉红色，平均单粒重 3.1g，最大粒重 4.6g，果粒与果柄难分离。果粉薄，果皮无涩味，皮下无色素。果肉硬度中等，汁液中等偏多，有草莓香味，无核，两性花。从萌芽到果实成熟约为 120 天。正常结果树平均亩产果量 2400kg。可溶性固形物含量 21.6%，可滴定酸含量 0.62%，单粒重 4.6g，浆果粉红色。抗病性较强，较抗霜霉病、炭疽病、白腐病，抗寒性较强。

产量表现　平均亩产约 2100kg。

> **葡萄品种分类**
>
> 葡萄品种很多，全世界有 8000 多种，我国现有 700 多种。但在我国生产上较大面积栽培的品种只有 40～50 个。按种群分类，葡萄可分为四大种群：欧亚种群、东亚种群、美洲种群以及杂交种群。按食用可分为五种：鲜食品种、酿造品种、制罐品种、制汁品种与制干品种。按成熟期可分为：早熟品种、中熟品种、晚熟品种。

品种来源 中国农业科学院郑州果树研究所。

2. 天工墨玉

登记情况 GPD葡萄（2021）330009。

特征特性 欧美杂交鲜食品种。属三倍体葡萄品种。该品种萌芽期为3月中旬，开花期为4月下旬，果实始熟期为5月下旬，果实成熟期为6月底，从萌芽至浆果成熟需105天。植株生长势极旺，萌芽率89.3%。最大穗重748.2g，平均穗重540.6g，单果粒最大重量10.1g。果皮厚，无涩味，果肉质地脆，果粒与果柄分离难易程度中，果粒不含种子。可溶性固形物含量20.1%，可滴定酸含量0.391%，单粒重7.8g，浆果蓝黑色，有草莓香味，果肉脆。主要发生的病害有酸腐病、炭疽病、灰霉病、霜霉病、枝干溃疡病等，但在设施栽培条件下，酸腐病、枝干溃疡病的为害较轻，发生的主要是灰霉病、炭疽病、霜霉病。抗病能力较强，适应性较强，抗高温。

产量表现 平均亩产约1390kg。

品种来源 浙江省农业科学院园艺研究所。

3. 玫香宝

登记情况 GPD葡萄（2019）140008。

特征特性 欧美杂交鲜食品种。属四倍体葡萄品种。该品种嫩梢黄绿色带紫红，茸毛稀疏。平均穗重230g。果粒椭圆形，着生紧密，大小均匀，平均单粒重5.51g。果皮暗红色，较厚，韧性强，果皮与果肉不分离。果肉较软，味甜，香味浓郁。每果粒种子数2~3粒，种子大。可溶性固形物含量21.1%，可滴定酸含量0.44%。中抗白粉病、霜霉病。

产量表现 平均亩产约1000kg。

品种来源 山西省农业科学院果树研究所。

无籽葡萄用了激素吗?

无籽葡萄的培育有时的确需要植物生长调节剂（植物激素）的干预。不过，植物激素与动物激素完全是两回事儿，不会对人和动物产生影响。目前无籽水果的培育方法主要有三种：第一种是利用植物激素处理。第二种是通过杂交。第三种是通过寻找植物自身产生的种子不育但又能够产生植物激素的突变个体，来生产无籽水果。

4. 庆丰

登记情况 GPD 葡萄（2018）410007。

特征特性 欧美杂交鲜食品种。该品种叶片五角形或三角形，果穗圆柱形，带副穗，无歧肩，平均单穗重 937.7g，最大穗重 1378g，果粒着生极紧。果粒倒卵形，紫红色，平均果粒重 5.76g。果粒与果柄难分离，果粉薄。果皮无涩味，皮下色素中等。果肉硬度中等，汁液中等，有草莓香味。果粒成熟一致，两性花。从萌芽至浆果充分成熟需 101 ~ 111 天。正常结果树一般亩产果量 1500kg。可溶性固形物含量 16.8%，可滴定酸含量 0.41%，单粒重 5.7g。主要病害为葡萄霜霉病、白腐病，叶片较抗霜霉病，果实较抗炭疽病、白腐病。正常管理与病害防治情况下，基本无明显病害发生。该品种抗寒性较强。

产量表现 平均亩产约 2300kg。

品种来源 中国农业科学院郑州果树研究所。

5. 春光

登记情况 GPD 葡萄（2019）130042。

特征特性 欧美杂交鲜食品种。该品种果穗大，果粒大。色泽艳丽，品质优良。果实紫黑色，果粉、果皮较厚，具悦人的草莓香味。果肉较脆，风味甜，结果早，结实能力强，每结果枝平均 1.32 穗。可溶性固形物含量 17.5%，可滴定酸含量 0.51%，单粒重 9.5g，浆果蓝黑色，早熟、丰产、稳产。抗葡萄霜霉病、炭疽病、白腐病能力较强，与'巨峰'近似。生长势较旺，抗旱性中等，对肥水要求较严格，适宜在通透性较好的沙壤土栽培。

产量表现 平均亩产约 1380kg。

品种来源 河北省农林科学院昌黎果树研究所。

（二）中熟品种

1. 宝光

登记情况 GPD 葡萄（2019）130041。

特征特性 欧美杂交鲜食品种。该品种果大，较紧密，平均穗重 716.9g。果粒极大，平均粒重 13.7g，果实紫黑色，容易着色，果粉较厚，果肉较脆，果皮较薄，风味甜，结实能力强。可溶性固形物含量 18%，可滴定酸含量 0.47%，浆果蓝黑色，草莓香和玫瑰香混合香型，丰产、大粒、大穗。抗葡萄霜霉病、炭疽病、白腐病能力较强，与'巨峰'相近，生长势中等，对土壤条件要求不严，适宜在砂土、沙壤土等土壤栽培。

产量表现　平均亩产约 1620kg。

品种来源　河北省农林科学院昌黎果树研究所。

2. 峰光

登记情况　GPD 葡萄（2019）130040。

特征特性　欧美杂交鲜食品种。该品种果穗较大，较紧密，平均穗重635.6g。果粒极大，平均粒重 14.2g。果实紫黑色，色泽美观，果粉较厚，果肉较脆，果皮中厚，具悦人的草莓香味，风味甜，结实能力强。可溶性固形物含量 18.2%，可滴定酸含量 0.46%，浆果蓝黑色。抗葡萄霜霉病、炭疽病、白腐病能力强，生长势较旺，抗寒性较强，对土壤条件要求不严，适宜在砂土、沙壤土等土壤栽培。

产量表现　平均亩产约 1520kg。

品种来源　河北省农林科学院昌黎果树研究所。

3. 阳光玫瑰

特征特性　该品种果穗呈圆锥形。穗重约 600g，大穗可达 1800g，果粒着生紧密。平均单粒重 8～12g，椭圆形，黄绿色，果面有光泽。果肉脆，多汁，有玫瑰香味，可溶性固形物含量约 20%，最高可达 26%，鲜食品质极优。中晚熟品种，但成熟后可以在树上挂果长达 2 个月。不裂果，耐储运，无脱粒现象，但果实表面易发生锈斑。

品种来源　从日本引进。

五 柿子

1. 鄂柿1号

特征特性 该品种果实呈扁圆形，果面光滑。具靓丽的蜡质光泽，覆果粉，商品外观美。果面橙黄色，成熟时红色。蒂片4枚，扁心脏形，向上斜伸。果肉红色，脆硬致密，纤维少，褐斑极少而小。软化后黏质，汁液多，可溶性固形物含量约18.5%，味浓甜，品质佳。果实大，平均单果重269g，最大果重340g，无核。果实在树上自然硬化脱涩，货架期较长。大小年不明显，丰产、稳产。抗逆性较强，抗炭疽病。原产大别山区，类似气候条件的地区可试种。鲜食，无须人工脱涩，脆食。

> **柿子**
>
> 柿起源于东亚，我国是柿的起源地之一。柿依果实能否自然脱涩分为涩柿与甜柿。依用途分为脆食、软食、制饼和兼用。

品种来源 湖北省农业科学院果树茶叶研究所。

2. 鄂涩柿1号

特征特性 该品种果实呈扁圆形，果面平滑有蜡质光泽。果蒂较大，蒂片略向上卷曲，果梗短。果肉橙红色，肉质致密，纤维少，软化后水质，汁液多，可溶性固形物含量19%～21%，味浓甜，品质佳，每100g鲜果肉含维生素C31.65mg，丹宁含量1.67%。果实大，平均单果重267g，最大果重450g以上，无核或种子少，髓心小，成熟时实心。皮薄，易脱涩，较耐储运。早果、丰产、稳产，抗逆性强，耐旱、耐瘠薄能力较强，病虫害较少。原产大别山区，类似气候条件地区适宜种植。主要为鲜食，脱涩软化为烘柿，软食。

品种来源　湖北省农业科学院果树茶叶研究所。

3. 太秋

特征特性　风味极佳的大果型完全甜柿品种。该品种生长势较旺，萌芽力强，成枝力中等，花芽分化容易，结实力强。果实呈扁圆形、橙黄色，果顶部有细条纹，果形端正、整齐，单果重约200g，果肉橙黄色，无褐斑，肉质脆嫩，可溶性固形物含量约15%，种子少或无，品质佳。该品种主要病虫害有柿炭疽病、柿角斑病、柿棉蚧。

品种来源　从日本引进。

六　猕猴桃

1. 东红猕猴桃

特征特性　该品种植株生长势中等偏旺，枝条粗壮，1年生枝茶褐色，2年生枝红褐色，老枝黑褐色，节间长5~10cm。果实呈短圆柱形，果面绿褐色，光滑无毛，果皮厚，果点稀少，果实横切面近圆形，呈放射状红色，中轴胎座小，质地软，可食用。果实萼片褐绿色，易脱落。果实储藏性一般，常温下储藏 10 ~ 14 天即开始软熟，在冷藏条件下可储藏约 3 个月。花期为 4 月上中旬，果实成熟期为 9 月上中旬。平均单果重 80 ~ 140g，最大果重 150g，每果枝坐果 3 ~ 8 个，平均坐果 6 个，第 3 年平均株产 10 ~ 15kg，盛产期亩产可达 2000 ~ 3000kg，丰产、稳产性强。

品种来源　武汉植物园。

2. 红阳猕猴桃

特征特性　大型落叶攀缘藤本。该品种植株生长势中等。果实子房红色，横切面呈红、黄相间的放射状图案。果实长圆柱形兼倒卵形，果顶凹陷，果皮绿色，果毛柔软易脱。平均单果重 72.49g，最大单果重 106.1g。可溶性固形物含量 18.4%，总糖含量 8.6%，总酸含量 1.07%，每 100g 含维生素 C 173.8mg。肉质细，有香气。一般来说，第 3 年红阳猕猴桃的亩产量大约在 500kg。同时，红阳猕猴桃栽植的第 4 ~ 5 年，将进入丰产盛果期，亩产可达到 2000 ~ 3000kg。

品种来源　四川省苍溪县农业局。

3. 金魁猕猴桃

特征特性　'金魁'果实大，平均果重 80 ~ 103g，最大果重 172g，果实椭圆形，果面黄褐色，茸毛密度中等，棕褐色，果喙端平，果蒂部微凹，果肉翠绿色，汁液多，风味浓，酸甜适中，有清香，果心较小，果实品质佳。可溶性固形物含量 18.5% ~ 21.5%，最高可达 25%，总糖含量 13.24%，总酸含量 1.64%，每 100g 含维生素 C 120 ~ 243mg，果实耐储性强，室温下可储藏 40 天。3 月上旬萌芽，5 月上旬至 5 月中旬开花，10 月底至 11 月上旬果实成熟。始果早，嫁接苗栽植后第 2 年开始结果，在一般管理条件下，第 3 年平均亩产量可达 2500kg，而在湖北省江汉平原肥沃土壤上种植 3 年生树亩产量可达 4000kg 以上。

品种来源　湖北省农业科学院果树茶叶研究所。

4. 翠香猕猴桃

特征特性　该品种为藤本茎。幼芽、枝叶紫红色，茸毛红色，密而长。多年生枝褐色，有明显、较小而稀疏的椭圆形皮孔，无茸毛。果皮黄褐色，较厚，难剥离。果面稀生易脱落黄褐色茸毛，果肉翠绿色，质地细而多汁，香甜爽口，味浓香，9 月上旬成熟。可溶性固形物含量 8.07%、总糖含量 3.34%、总酸含量 1.17%，每 100g 含维生素 C 99mg。成熟采收的果实在常温条件下后熟期 12 ~ 15 天，0℃条件下可储藏保鲜 3 ~ 4 个月。该品种早熟优质，易早产，丰产。第 3 年始花见果，第 4 年每亩产量 667.2kg，第 5 年 1132.8kg，第 6 年 1468.8kg，第 7 年 1680kg。为了确保果品质量，每亩产量应控制在 1500 ~ 2000kg。

品种来源　西安市猕猴桃研究所和周至县农技试验站。

七　石榴

1. 天使红

特征特性　专利品种。甜，超软籽，比'突尼斯软籽'早熟20天。平均单果重508g。果实近圆形，果面光洁，果皮深红色。籽粒深红色，百粒重48g，含糖量18.7%，含酸量0.51%，糖酸比36.67。风味甜软，品质优，适宜鲜食。9月中下旬成熟。已取得植物新品种权保护。对低光照适应性强，适宜设施栽培。

品种来源　中国农业科学院郑州果树研究所。

石榴

石榴既是营养价值高的果树，又是观赏价值好的园林树种，软籽石榴是目前经济效益最高的小水果之一。目前我国硬籽石榴、软籽石榴已经越来越普及，但品质更高、口感更好的超软籽石榴市面上基本属于空白，市场潜力巨大。

2. 红美人

特征特性 专利品种。甜，超软籽。平均单果重 406g。果实近圆形，果面光洁，果皮红色。籽粒红色，百粒重 51.2g，含糖量 17%，含酸量 0.39%，糖酸比 43.59。风味甜软，品质优。9 月中下旬成熟。已取得植物新品种权保护。

品种来源 中国农业科学院郑州果树研究所。

八 西瓜

1. 早春红玉

登记情况 GPD 西瓜（2017）310143。

特征特性 早熟杂交鲜食品种。该品种 5—6 月收获的情况下，开花后 30~35 天成熟。叶片较大，藤蔓粗壮，低温伸长性好，生长势旺盛，后期藤势维持好，不易早衰。低温弱光下雌花及坐瓜性好，特别适合大棚、温室等促成栽培。瓜重约 2kg，椭圆形，瓜长约 20cm，条纹清晰，不易产生空洞以及畸形瓜。瓜皮有韧性，不易裂瓜，商品性好，纤维极少，水分多，糖度高达 13°~14°，食味极佳。中心可溶性固形物含量 13.5%，边可溶性固形物含量 12.3%。中抗病毒病，中耐旱，中耐湿热，中耐低温，强耐低温弱光性。

> **西瓜为什么中间最甜？**
> 西瓜在发育的过程中，种子就是吸引糖分的机器，胎座就是把糖分运进西瓜的通道，胎座又在西瓜的最中间，那它附近糖分最多也就不难理解了。

产量表现　平均亩产约 2205kg。

品种来源　上海惠和种业有限公司。

2. 春秋蜜

登记情况　GPD 西瓜（2019）340014。

特征特性　早熟杂交鲜食品种。该品种瓜发育期约 28 天，全生育期约 98 天。植株生长势稳健，叶片大小中等，叶色绿，雌花率高，坐瓜性好，易栽培。第一雌花节位在约第 8 节，雌花间隔约 5 节。瓜长椭圆形，指数约 1.45。瓜皮绿色，上覆墨绿色条带，瓜面光滑，蜡粉重，瓜均匀度好，商品率高。平均单瓜重约 3.5kg，大者可达 4kg 以上。皮厚约 0.8cm，硬度强，耐储运。瓤色大红，瓤质脆，纤维少，汁多味浓，风味好。中心可溶性固形物含量 13.3%，边可溶性固形物含量 8%。抗炭疽病、病毒病，耐高温高湿性强，耐低温干旱性一般。感枯萎病。

产量表现　平均亩产约 4000kg。

品种来源　安徽荃银高科瓜菜种子有限公司。

3. 农康青峰

登记情况　GPD 西瓜（2017）650163。

特征特性　杂交鲜食品种。该品种植株生长健壮，分枝力较强，叶片中等宽，掌状全裂，叶色深绿，第一雌花着生于主蔓第 7～9 节，以后间隔 5～6 节出现 1 朵雌花，平均坐瓜节位 18 节，单株坐瓜 1 个。中心可溶性固形物含量 12%，边可溶性固形物含量 9%，鲜食肉质，口感脆而多汁。中抗枯萎病，耐湿性、耐旱性、耐涝性较强。皮色绿，外观美，商品性好，品质佳，抗病性强，适应性广，产量高。

产量表现　平均亩产约 2000kg。

品种来源　新疆农人种子科技有限责任公司、武汉弘耕种业有限公司。

4. 武农 8 号

登记情况　GPD 西瓜（2017）420128。

特征特性　早熟高档小型西瓜新品种。该品种全生育期约 90 天，雌花开放至瓜成熟 26～28 天。瓜椭圆形，瓜皮绿色，上覆深绿色锯齿形西条带，外观美丽有光泽。瓜肉大红色，肉质酥脆，中心折光糖含量约 13%，风味极佳。单瓜重 1.5～2kg。低温生长性好，易坐瓜，瓜整齐度好，皮薄不裂瓜。

品种来源　武汉市农业科学院、武汉谷易丰科技服务有限公司。

5. 拿比特

登记情况　GPD 西瓜（2020）330260。

特征特性　早熟小型杂交鲜食品种。该品种坐瓜后 25～30 天成熟，单瓜重 1.5～2kg，瓜椭圆形，瓜形稳定，花皮红肉，肉质疏松，清甜，口感好。单瓜重约 2kg。中心可溶性固形物含量 12%，边可溶性固形物含量 8.9%。瓜皮硬度脆，肉质口感脆。中抗枯萎病，具有一定的耐低温弱光性。

产量表现　平均亩产约 1740kg。

品种来源　浙江美之奥种业股份有限公司。

九　甜瓜

1. 武农青玉

特征特性　薄皮甜瓜杂交一代品种。该品种全生育期 85～90 天，生长势旺盛，抗病、抗逆性强。单瓜重 0.35～0.75kg。瓜梨形，淡绿色，成熟时转淡黄色，瓜肉浅绿色，肉质脆，瓜中心含糖量 12%～15%。平均亩产 2000～2500kg，不易裂瓜，耐储运。

> **甜瓜产业**
>
> 我国是世界甜瓜生产与消费的第一大国，目前我国甜瓜产业的主要问题是供给总量过剩但优质供给不足，花色品种单一，但优质甜瓜少。

119

品种来源　武汉市农业科学院。

2. 久青蜜

特征特性　早熟甜瓜品种。该品种瓜发育期为26～30天，以孙蔓坐瓜为主。瓜圆形，瓜皮浅绿色，有深绿条纹，无棱沟，瓜面光滑有腊粉。瓜肉绿色，中心糖含量14%～17%，单瓜重700g。肉质嫩脆，味香甜，皮薄质韧，耐储运，不易裂瓜。

品种来源　合肥久易农业开发有限公司。

十　草莓

1. 红颊（日本99号、红颜）

特征特性　该品种植株长势旺盛，株型直立，生长旺盛期最高约30cm，开展度约25cm，易于栽培管理。叶片大，新茎分枝多，连续坐果能力强，品质好，最大果约80g，圆锥形，硬度强，果形美观，色鲜红。

产量表现　平均亩产约2500kg。

品种来源　从日本引进。

2. 章姬（牛奶草莓）

特征特性　特早熟草莓品种。该品种休眠期浅，生长势旺盛，花序聚伞形，抽生量大，果形长圆锥形，果面鲜艳光亮，果实淡红色，细嫩多汁，浓香美味，含糖量高达14%～17%。

产量表现　平均亩产约2500kg。

品种来源　从日本引进。

3. 丰香

特征特性 早熟草莓品种。休眠期浅，植株生长开张，生长势旺盛，繁殖力中等，叶片圆形、绿色。花序较直立，低于叶面。果实圆锥形，较大，果面鲜红亮丽，果肉淡白色。一级序果均重 42g，最大单果重 65g。

产量表现 平均亩产 3000 ~ 4000kg。

品种来源 从日本引进。

4. 法兰地

特征特性 叶片椭圆形、较厚、浓绿色，单果枝，丰产性好。果实圆锥形，大小均匀整齐，果肉果面红色，风味好，平均单果重 35g，对环境适应能力强，抗潮湿，抗病能力强。

产量表现 平均亩产约 2000kg。

品种来源 从日本引进。

5. 晶瑶

特征特性 该品种植株较高大，株高 38.4cm，开展度 40.6cm，生长势较旺。单株叶片 7 ~ 8 片，长椭圆形，叶面光滑。单株花序 3 ~ 5 个，花序长 38.9cm，花序二级分枝，花量较少，全采收期可抽发 3 次花序，各花序均可连续结果。果实略长，圆锥形，果形较大，质地较硬，茸毛少，果面鲜红有光泽，单果重约 25g。对高温、高湿和炭疽病抗性较弱。果实颜色鲜艳，酸甜适口。

产量表现 平均亩产 3000 ~ 4000kg。

品种来源 湖北省农业科学院经济作物研究所。

种植草莓要打很多次农药吗？

我国《农药管理条例》等法律早已规定，严禁在果蔬、茶叶、菌类、中草药材上使用剧毒和高毒农药。如果有人违禁使用高毒或剧毒农药，一经查实，将受到严厉处罚，甚至依法追究刑事责任。

草莓

又称红莓、洋莓、地莓等，是一种红色的水果。草莓是蔷薇科草莓属植物的通称，属多年生草本植物。草莓的外观呈心形，鲜美红嫩，果肉多汁，含有特殊的浓郁水果芳香。草莓营养价值高，含丰富维生素 C，有帮助消化的功效，与此同时，草莓还可以巩固齿龈，清新口气，润泽喉部。

十一　茶叶

1. 白叶一号

特征特性　安吉白茶'白叶一号'属于灌木型中叶类无性系良种，是罕见的低温敏感型变异茶种，其敏感温度为23℃。发源于浙江省安吉县，从一株百年老白化茶树通过无性繁殖培育而成。安吉白茶的氨基酸含量高达6.19%～11.6%，为普通茶叶的3～4倍，其茶多酚含量为10.7%，是普通茶叶的50%。

选用安吉白茶春梢一芽一叶、一芽二叶制作的茶叶，色如白玉，香高清纯，味醇鲜爽，汤色明净，叶底鲜亮，备受消费者的青睐。

品种来源　安吉县林业科学研究所。

2. 福云6号

特征特性　小乔木大叶型特早生种。该品种分枝力强，叶色绿，嫩芽叶绿色、肥壮，茸毛较多，育芽能力强，产量高，抗逆性较强。'福云6号'茶叶品种含水出物36.88%、茶多酚25.95%、氨基酸总量2.28%、咖啡碱3.43%，儿茶素含量151.24mg/g，适制绿茶和红茶，现主要制绿茶，春

季特别适制高档绿茶（扁茶、毛尖茶等）。制出的毛尖茶翠绿，条索紧细，白毫显露，香气清高，汤色翠绿明亮，滋味醇和爽口。

品种来源　福建省农业科学院茶叶研究所。

3. 鄂茶 4 号

特征特性　小乔木型特早生种。该品种叶质厚而柔软，嫩芽黄绿色，整齐肥壮，茸毛多。育芽能力强，耐采摘，抗寒性较强，抗性强。适制红茶、绿茶，制红茶金黄多毫，汤色红浓，滋味浓厚。制绿茶条形秀美，汤色明亮，有绿豆汤和板栗香的风味。

品种来源　湖北省宜昌市太平溪茶树良种繁育站。

参考文献

[1] 李茂柏，沈利平，陆洪付，等.上海花椰菜和青花菜品种应用现状与展望 [J]. 中国种业，2022（11）:10–13.

[2] 耿其勇，李石开，张振林，等.云南莴蒿（藜蒿）绿色周年生产关键技术 [J]. 中国蔬菜，2022（11）:128–130.

[3] 徐翠容,邹照贝.2022年武汉种业博览会瓜类专家推荐品种 [J]. 长江蔬菜,2022(21):21–22.

[4] 杨红旗，董薇，李磊，等.新修订修正《种子法》解读 [J]. 种子科技，2022，40（20）:133–135.

[5] 杨丽梅，方智远.中国甘蓝遗传育种研究60年 [J]. 园艺学报，2022，49（10）:2075–2098.

[6] 邹照贝,王芸.2022年武汉种业博览会番茄类专家推荐品种 [J]. 长江蔬菜,2022(19):13–15.

[7] 程贤亮，刘昌燕，舒军，等.湖北省鲜食大豆产业发展现状及对策 [J]. 湖北农业科学，2022，61（11）:15–18+43.

[8] 姚志新.湘北地区西兰薹发展探索 [J]. 长江蔬菜，2022（13）:61–63.

[9] 陈祥金，刘兵，张颖芳.武汉市黄陂区叶用薯优势特色产业发展分析与潜力品种推荐 [J]. 长江蔬菜，2022（13）:11–14.

[10] 农业农村部种业管理司.关于2022年湖北省、福建省主要农作物审定品种名称等信息的公示 [R]. 农业农村部官网，2022年7月5日.

[11] 刘国兰，张分云，刘毅，等.节水抗旱稻新组合旱两优8200的选育 [J]. 杂交水稻，2022，37（06）:52–54.

[12] 汪雪松.湖北种业发展回顾与思考 [J]. 中国种业，2022（05）:42–44.

[13] 王俊.潜江市2021年虾稻共作模式优质水稻品种筛选试验 [J]. 农业科技通讯，2022（05）:131–135.

[14] 张文鑫.优质种子播撒在神州 [N]. 广东科技报，2022–04–01.

[15] 王志荣，张立君，杨永宙，等.油蔬两用型中油杂19在安康的表现及绿色高效栽培技术 [J]. 长江蔬菜，2022（02）:22–24.

[16] 尹延旭，李新炎，李宁，等.湖北天门花椰菜主栽品种及特征特性 [J]. 辣椒杂志，2022，20（02）:48–50.

[17] 祖祎祎.新修种子法权威解答（上）[J].农家致富，2022（02）:46-47.

[18] 祖祎祎.新修种子法权威解答（下）[J].农家致富，2022（03）:46-47.

[19] 王俊良，胡侦华，朱晋，等.甜玉米新品种'玉香金'[J].园艺学报，2021,48（S2）:2863-2864.

[20] 李双梅，柯卫东，彭静，等.早熟菱新品种'六月菱'[J].园艺学报，2021,48（S2）:2857-2858.

[21] 王芸，邹照贝.2021年武汉种业博览会茄子类专家推荐品种[J].长江蔬菜，2021（23）:17-18.

[22] 李英，李玉玲，卢绪梁.南京地区春夏矮脚黄小白菜栽培技术及潜力品种推荐[J].长江蔬菜，2021（23）:10-12.

[23] 汤俭民，朱彩章，汤汉华，等.红莲型优质糯稻不育系红糯1A的选育与应用[J].湖北农业科学，2021，60（22）:27-30.

[24] 徐翠容，李兴需.2021年武汉种业博览会南瓜及黄瓜专家推荐品种[J].长江蔬菜，2021（19）:15-16.

[25] 刘志辉，展茗，梁如玉，等.延迟收获对长江中游春玉米农艺性状及机收质量的影响[J].中国农业大学学报，2021，26（11）:10-22.

[26] 郭艺佳，杨蓓，李荃玲，等.长江流域大棚藜蒿绿色优质高效生产技术规程[J].长江蔬菜，2021（20）:11-14.

[27] 陈代兵，罗澎，侯大平，等.荃优全赢丝苗高产栽培技术[J].中国种业，2021（09）:103-105.

[28] 曾宏春，黄俊立，唐文涛，等.江华2020年杂交水稻新品种展示试验[J].湖南农业科学，2021（08）:6-9.

[29] 李卫东.泰优068晚稻的栽培[J].湖南农业，2021（07）:22.

[30] 吴承金，陈火云，宋威武.国内育成马铃薯品种资源的表型及品质性状综合评价[J].中国瓜菜，2021，34（07）:43-49.

[31] 刘志伟，吴纯新，项俊平.西兰苔扎根湖北恩施高山蔬菜孕育乡村振兴新"硒"望[N].科技日报，2021-07-23.

[32] 陈菊兰，吴强，万峰光，等.金秋砂糖橘的特征特性及引种栽培技术[J].现代农业科技，2021（13）:87-88+97.

[33] 农业农村部种业管理司.关于2021年河南省、湖北省主要农作物审定品种名称等信息的公示[R].农业农村部官网，2021年6月11日.

[34] 蔡恒奇，封佳彤，宋超新，等.近年来湖北省区试中稻品种耐热性鉴定与利用评价[J].植物遗传资源学报，2021，22（06）:1559-1566.

[35] 林海，李红英，鄂志国，等.2020年我国审定的水稻品种基本特性分析[J].中国稻米，

2021, 27（06）:6-11.

[36] 张靖立，李寿国，黄静艳，等.关于我国芫荽种质资源的分析[J].上海农业科技，2021
（06）:13-15+47.

[37] 毕慧芳.鲜食甜糯玉米新品种的选育及推广研究[J].种子科技，2021，39（05）:13-14.

[38] 郭紫娟，刘长江，韩斌，等.葡萄早熟优质新品种'春光'的选育[J].中国果树，2021
（05）:69-70+75+110.

[39] 王安乐，周清华，谭远宝.长研青香辣椒双季设施高效栽培关键技术[J].辣椒杂志，2021，
19（04）:24-28.

[40] 周贵忠，彭小强，莫磊.'虾稻1号'优质栽培技术与田间管理措施[J].湖北植保，2021
（04）:62-64.

[41] 朱彩章，龚伟华，杨国才，等.优质长粒香型晚粳稻鄂香2号的选育与栽培技术[J].农
业科技通讯，2021（04）:261-263.

[42] 李倩，Nadil Shah，周元委，等.抗根肿病甘蓝型油菜新品种华油杂62R的选育[J].作物
学报，2021，47（02）:210-223.

[43] 倪品，郑蓉，景明晖，等.转基因抗虫棉新品种华M2[J].中国种业，2021（02）:113-114.

[44] 肖贞林，胡孝斌，钟宇萍，等.高产优质大豆新品种汉豆26的选育及栽培技术[J].大豆
科技，2021（01）:55-59.

[45] 农业农村部种业管理司.关于2020年湖北省主要农作物审定品种名称等信息的公示[R].
农业农村部官网，2020年12月23日.

[46] 聂启军，李金泉，董斌峰，等.紫菜薹名优品种——洪山菜薹[J].湖北农业科学，2020，
59（22）:133-135.

[47] 徐翠容，邹照贝，万元香，等.2020年武汉种业博览会辣椒类专家推荐品种[J].长江蔬
菜，2020（21）:15-17.

[48] 柳森水，钱明锋.柑橘新品种红美人引种表现及高效栽培技术[J].江西农业，2020
（10）:11-12.

[49] 邹照贝，徐翠容，万元香，等.2020年武汉种业博览会番茄类专家推荐品种[J].长江蔬
菜，2020（19）:14-15.

[50] 朱润邦，徐翠容，李兴需，等.2020年武汉种业博览会茄子专家推荐品种[J].长江蔬菜，
2020（15）:21-23.

[51] 谈杰，黄树苹，李烨，等.茄子新品种'迎春四号'[J].园艺学报，2020，47（S2）:2970-
2971.

[52] 谈杰，黄树苹，李烨，等.茄子新品种'紫龙9号'[J].园艺学报，2020，47（S2）:2972-
2973.

[53] 林海，王志刚，鄂志国，等.2019年我国审定的水稻品种基本特性分析[J].中国稻米，

2020，26（06）:16-22.

[54] 杨虎，周刚，陈光勇，等.十堰市 2018 年玉米新品种生产试验对比研究 [J]. 中国种业，
2020（01）:45-47.

[55] 李进波，夏明元，周厚财，等.两系杂交中籼稻新组合 E 两优 1453 的选育与应用 [J]. 湖
北农业科学，2019，58（23）:33-35.

[56] 张群，陈杰，涂军明，等.23 个水稻品种作再生稻比较试验结果及评价 [J]. 湖北农业科
学，2019，58（24）:12-15.

[57] 谢春甫，刘华曙，刘红平，等.红莲型三系杂交糯稻新组合红糯优 36[J]. 湖北农业科学，
2019，58（20）:30-33.

[58] 汪李平.长江流域塑料大棚雍菜栽培技术 [J]. 长江蔬菜，2019（10）:15-19.

[59] 汪李平.长江流域塑料大棚苋菜栽培技术 [J]. 长江蔬菜.2019（08）:17-21.

[60] 向阳.当阳市夏播玉米品种筛选试验 [J]. 现代农业科技，2019（16）:43+45.

[61] 柯勇，汪李平.长江流域塑料大棚莴苣栽培技术（上）[J]. 长江蔬菜，2019（16）:18-23.

[62] 农业农村部种业管理司.关于 2019 年湖北省主要农作物审定品种名称等信息的公示 [R].
农业农村部官网，2019 年 7 月 15 日.

[63] 郑伟，李艳等.口感型甘蓝新品种绿绮罗 [J]. 长江蔬菜，2019（11）:17-18.

[64] 崔国明.高海拔"白叶一号"栽培技术 [J]. 种子科技，2019，37（05）:89.

[65] 汪李平.长江流域塑料大棚芫荽栽培技术 [J]. 长江蔬菜，2019（04）:15-19.

[66] 肖群，贾瑞宇，宋开业，等.弱筋小麦农麦 126 的选育及其栽培要点 [J]. 浙江农业科学，
2019，60（03）:358-359.

[67] 杨玉英，张彩凤，杨顺煜，等.不同水稻新品种区域试验的产量对比 [J]. 耕作与栽培，
2019（02）: 39-40.

[68] 曾红霞，周谟兵，陈伟，等.小型有籽西瓜新品种武农 8 号在鄂鲁琼三地的试种表现 [J].
长江蔬菜，2018（19）:15-16.

[69] 陈琼，韩瑞玺，唐浩，等.我国菜豆新品种选育研究现状及展望 [J]. 中国种业，2018
（10）:9-14.

[70] 李晏斌，熊恒多，乐衡，等.2014 年湖北省鲜食春大豆品种区域试验 [J]. 长江蔬菜，2018
（10）:59-63.

[71] 郑伟，谢勇，向森林，等.精品粉果番茄新品种吉诺比利 [J]. 中国蔬菜，2018（08）:104-
105.

[72] 农业农村部种子管理局.关于 2018 年湖北省主要农作物审定品种名称等信息的公示 [R].
农业农村部官网，2018 年 7 月 6 日.

[73] 魏灵珠，程建徽，向江，等.早熟无核葡萄新品种'天工墨玉'的选育 [J]. 果树学报，
2018，35（07）:898-900.

[74] 李兴需，龙启炎，徐翠容，等.2017年武汉种业博览会番茄专家推荐品种[J].长江蔬菜，2017（21）:14-15.

[75] 许甫超，李梅芳，董静，等.高产优质小麦新品种鄂麦006配套栽培技术研究[J].现代农业科技，2017（21）:6-7+9.

[76] 柯卫东，彭静，朱红莲，等.早熟莲藕新品种鄂莲10号选育[J].长江蔬菜，2017（18）:92-93.

[77] 王会，胡琼，李云昌，等.高产优质油菜新品种大地199的选育及特征特性[J].种子，2017，36（07）:102-105.

[78] 李月梅，宋传雪，孙文玉.不同品种薄皮甜瓜性状和产量研究[J].种子世界，2017（04）:24-25.

[79] 唐晓萍，董志刚，李晓梅，等.早熟四倍体葡萄新品种'玫香宝'的选育[J].果树学报，2017，34（01）:115-118.

[80] 钟彩虹，黄宏文.红心猕猴桃新品种——东红[J].中国果业信息，2016，33（12）:61.

[81] 农家顾问编辑部.大豆新品种奎鲜5号[J].农家顾问，2016（11）:37.

[82] 李国荣，孟庆忠，杨新民，等.棉花新品种鄂杂棉34的选育与应用[J].湖北农业科学，2016，55（23）:6055-6056.

[83] 张玉梅.早熟大粒毛豆新品种"沪鲜6号"[J].农村百事通，2015（21）:30+73.

[84] 王辉，邵仁学，王昌祥.玉米新品种汉单777高产制种技术[J].种子，2015，34（12）:122-123.

[85] 顾红，樊秀彩，孙海生，等.葡萄早熟新品种——'庆丰'的选育[J].果树学报，2015，32（05）:988-990+736.

[86] 刘崇怀，樊秀彩.早熟无核葡萄新品种'郑艳无核'[J].园艺学报，2015，42（03）:595-596.

[87] 李峰.耐热早熟水芹新品种"鄂水芹1号"[J].农村百事通，2014（08）:30+73.

[88] 赵定杰，姚明华，黎兰献，等.辣椒新品种佳美2号密肥栽培试验初报[J].湖北农业科学，2014，53（14）:3323-3325.

[89] 陈禅友，胡志辉，赵新春，等.中熟优质长豇豆新品种'鄂豇豆12'[J].园艺学报，2014，41（05）:1037-1038.

[90] 汪李平，刘义满，周国林.有机蔬菜——水生蔬菜生产技术规程[J].长江蔬菜，2014（01）:5-10.

[91] 李云峰，吴冬乾.苋菜品种比较试验[J].上海蔬菜，2013（06）:5.

[92] 杨静，孔秋生，余中伟，等.苦瓜新品种'华碧玉'[J].园艺学报，2013，40（04）:801-803.

[93] 龙启炎，徐翠容，骆海波，等.早熟苦瓜新品种秀绿[J].长江蔬菜，2013（03）:21-22.

[94] 卢素芳."金魁"猕猴桃通过国家审定 [J].农村百事通，2012（21）:11+81.

[95] 张辑.介绍四个西瓜品种 [J].农家顾问，2011（12）:29-30.

[96] 黄新芳，刘玉平，黄来春，等.早中熟芋新品种鄂芋 1 号的选育 [J].长江蔬菜，2011（16）:55-56.

[97] 成镜，张春雷，李首成，等.油菜新品种中双 11 号高产栽培优化技术研究 [J].作物杂志，2011（02）:125-127+137.

[98] 沈海金.小型西瓜优良品种早春红玉和 8424[J].西北园艺（蔬菜），2011（02）:46-47.

[99] 赵新春.红菜薹潜力品种推荐 [J].长江蔬菜，2010（11）:7-8.

[100] 湖北农业科学编辑部.豇豆品种鄂豇豆 9 号 [J].湖北农业科学，2010，49（11）:2680.

[101] 离人.草莓新品种——红颊草莓 [J].农村实用技术，2010（10）:43.

[102] 河南农业大学豫艺种业.抗病耐寒菠菜——丹麦"盛绿" [J].乡村科技，2010（08）:7.

[103] 陈禅友，胡志辉，赵新春，等.长豇豆新品种'鄂豇豆 6 号' [J].园艺学报，2010，37（01）:157-158.

[104] 吕俊辉，吕娟莉，陈春晓.优质早熟猕猴桃新品种翠香 [J].西北园艺（果树专刊），2009（04）:31.

[105] 曾祥国，向发云，冯小明，等.草莓新品种晶瑶的选育 [J].长江蔬菜，2008（12）:14-16.

[106] 王开璋.纽荷尔脐橙的主要特性及栽培技术 [J].农家之友（理论版），2008（06）:24+26.

[107] 钟灼仔.草莓品种"法兰地"引种表现及高效栽培技术 [J].中国果菜，2008（06）:8-9.

[108] 郑金焕，张明权，李平，等.早熟优质西瓜新品种春秋蜜的选育 [J].中国瓜菜，2007（02）:19-20.

[109] 当代蔬菜编辑部.亨椒 999 辣椒及其栽培技术要点 [J].当代蔬菜，2006（04）:20.

[110] 乔荣，钟霈霈，王天文.丰香草莓的适应性研究 [J].种子，2003（02）:88-89.

[111] 郑树明.冬草莓鲜食良种——章姬 [J].四川农业科技，2001（06）:14.

[112] 张弩.国家级茶树良种——宜红早 [J].中国茶叶，2000（05）:24-25.

[113] 林芸.大白菜新品种——早熟 5 号 [J].蔬菜，1992（03）:27.

[114] 徐赛禄.茶树良种——福云 6 号 [J].农业科技通讯，1992（07）:35.

[115] 马朝芝，文静，易斌，等.菜用甘蓝型油菜品种狮山菜薹的选育 [J].长江蔬菜，2019（08）:31-34.

[116] 刘晟，顿小玲，金莉，等.硒高效菜用油菜杂交品种硒滋圆 1 号的适应性研究 [J].长江蔬菜，2020（18）:34-36.

[117] 廖志强，孙亮，王方，等.富硒油菜薹硒滋圆 1 号早熟栽培技术 [J].中国蔬菜，2020（09）:106-107.

[118] 陈禅友，胡志辉，赵新春，等.矮生豇豆新品种鄂豇豆 7 号 [J].长江蔬菜，2014（11）:14-15.

[119] 冉淑芬 . 泰国架豆王大棚栽培技术 [J]. 现代农业，2015（10）:4-5.

[120] 李林光，杨建明，孙玉刚，等 . 早熟桃新品种'春雪'[J]. 园艺学报，2004（03）:416.

[121] 秦仲麒，刘先琴，占树华，等 . 早熟梨新品种"鄂梨 2 号"选育研究 [J]. 中国南方果树，2004（06）:71-74.

[122] 李先明，秦仲麒，涂俊凡，等 . 早熟梨新品种"玉香"的选育 [J]. 中国南方果树，2018，47（S1）:1-4.

[123] 叶正文，苏明申，吴钰良，等 . 晚熟白肉水蜜桃新品种——秋月的选育 [J]. 果树学报，2011，28（05）:932-933+74.

[124] 刘延杰，郭长城，程显敏，等 . 梨抗寒新品种秋月梨的选育 [J]. 中国果树，2013（05）:1-3+86.

[125] 李冬生 . 日本梨新品种秋月 [J]. 中国果树，2005（01）:54-55+64.

[126] 张汉东 . 褐色砂梨新品种秋月梨 [J]. 北京农业，2004（03）:23.

[127] 胡征令，施泽彬，王信法，等 . 梨新品种翠冠选育及推广应用 [J]. 中国南方果树，2001（05）:40-41.

[128] 陈斌，童培银，傅金松，等 . 梨新品种——翠冠优质丰产栽培新技术 [J]. 农业科技通讯，2007（07）:60.

[129] 梁晨浩 . 葡萄新品种阳光玫瑰 [J]. 农村百事通，2017（07）:24.

[130] 黄紫乾，韦中定 . 葡萄新品种阳光玫瑰、夏黑引种比较试验初探 [J]. 农业研究与应用，2018，31（04）:25-28.

[131] 易珍望，罗正荣，潘德森，等 . 完全甜柿新品种'鄂柿 1 号'[J]. 园艺学报，2004（05）:699+709.

[132] 黄丹萍 . 油柿高枝嫁接太秋甜柿栽培技术 [J]. 南方农机，2017，48（01）:55-56.

[133] 何中华，张熔，吴细卯，等 . 浠水县超软籽石榴产业发展的现状、问题与建议 [J]. 果农之友，2022（02）:64-66.

[134] 李好先 . "网红水果"软籽石榴鲜食品种新选择 [J]. 果农之友，2020（07）:9-12.

[135] 何乐芝 . 白叶一号茶树品种引进种植技术 [J]. 农业科技通讯，2017（05）:235-236.

[136] 崔国明 . 高海拔"白叶一号"栽培技术 [J]. 种子科技,2019,37（05）:89. 与 [64] 重复了

[137] 赵勇军，金忠秀，吴采丽，等 ."感恩茶"种成"黄金芽"——"白叶一号"茶苗捐赠帮扶的贵州故事 [J]. 当代贵州，2022（20）:42-45.

[138] 叶玉萍 . 福云 6 号无公害茶叶管理技术要点 [J]. 福建农业，2009（05）:19.

[139] 陈作春，黄征槐 . 福云 6 号茶树秋剪增收效果好 [J]. 福建茶叶，1996（03）:27.

[140] 张弩，林大双 . 茶树良种宜红早的栽培技术 [J]. 中国土特产，2000（05）:11-12.

[141] 向子钧 . 种子知识 300 问 [M].武汉：湖北科学技术出版社，2004.

[142] 高丁石 . 农作物病虫害防治技术 [M]. 北京：中国农业出版社，2017.

[143] 陈道明.中国原产完全甜柿'鄂柿1号'自然脱涩特点研究[D].武汉：华中农业大学，2009.

[144] 李先明，刁松峰，涂俊凡，等.湖北省柿属种质筛选和栽培利用[J].中国果树，2022（05）:67-71.

[145] 骆海波，望勇，王攀，等.武汉地区特种蔬菜生产情况及潜力品种推荐[J].长江蔬菜，2018（05）:14-17.

[146] 王秀英，何娟，蒲延英，等.6个红苋菜品种的比较[J].农技服务，2011，28（05）:608.

[147] 汪孝迁.红圆叶苋菜——澳洲超级606[J].农家科技，2009（11）:8.

[148] 李嘉宏，王廷芹.不同苋菜品种的抗旱性比较[J].长江蔬菜，2014（18）:51-55.

[149] 汪李平.长江流域塑料大棚菠菜栽培技术[J].长江蔬菜，2019（12）:11-17.

[150] 邢后银，柏广利.耐热、耐寒、耐抽薹生菜新品种——意大利生菜[J].科学种养，2009（08）:48.

[151] 柯勇,汪李平.长江流域塑料大棚莴苣栽培技术（下）[J].长江蔬菜，2019（18）:20-22.

[152] 柯勇,汪李平.长江流域塑料大棚莴苣栽培技术（下）[J].长江蔬菜，2019（20）:10-18.

[153] 王章玮.萝卜新品种比较试验[J].长江蔬菜，2010（04）:21-22.

[154] 朱林耀，邹红，李建华，等.春瓠子-夏大白菜秧-秋黄瓜-冬萝卜高效栽培模式[J].湖北农业科学，2012，51（14）:3018-3021.

[155] 徐文玲，王淑芬，刘辰，等.引进的日本、韩国春萝卜种质性状鉴定与评价[J].山东农业科学，2018，50（02）:24-28.

[156] 汪李平，赵庆庆，张敬东，等.有机蔬菜基地生产计划的制定[J].长江蔬菜，2013（01）:5-10.

[157] 温凯.特色蔬菜"西兰苔"优质高产栽培技术[J].山西农经，2017（11）:64-65.

[158] 方智远,刘玉梅,杨丽梅,等.我国甘蓝遗传育种研究概况[J].园艺学报,2002(S1):657-663.

[159] 杜娟.小白菜品种植物学性状、品质调查与分析[J].现代农业，2017（01）:49-50.

[160] 中国农业信息快讯编辑部.适宜夏季种植的小白菜品种[J].中国农业信息快讯，2001（08）:35.

附 录
FULU

现代种植新品种常用拉丁名简表

中文名	拉丁名
水稻	*Oryza sativa*
小麦	*Triticum* spp.
玉米	*Zea mays*
大豆	*Glycine max*
马铃薯	*Solanum tuberosum*
甘薯	*Dioscorea esculenta*
油菜	*Brassica napus*
棉花	*Gossypium* spp.
黄瓜	*Cucumis sativus*
苦瓜	*Momordica charantia*
瓠瓜	*Lagenaria siceraria*
丝瓜	*Luffa aegyptiaca*
南瓜	*Cucurbita moschata*
冬瓜	*Benincasa hispida*
辣椒	*Capsicum annuum*
番茄	*Solanum lycopersicum*
茄子	*Solanum melongena*
白菜薹	*Brassica chinensis* L.
紫菜薹	*Brassica campestris* var. *purpuraria*
花椰菜	*Brassica oleracea* var. *botrytis*
结球甘蓝	*Brassica oleracea* var. *capitata*
豇豆	*Vigna unguiculata*

中文名	拉丁名
菜豆	*Phaseolus vulgaris*
萝卜	*Raphanus raphanistrum* subsp. *Sativus*
莴苣	*Lactuca sativa*
油麦菜	*Lactuca sativa* var. *longifoliaf*
生菜	*Lactuca sativa* var. *ramosa* Hort.
芹菜	*Apium graveolens*
菠菜	*Spinacia oleracea*
苋菜	*Amaranthus tricolor*
蕹菜	*Ipomoea aquatica* Forsk
芫荽	*Coriandrum sativum*
藜蒿	*Artemisia selengensis* Turcz.ex Bess.
莲藕	*Nelumbo nucifera*
菱角	*Trapa* spp.
茭白	*Zizania latifolia*
荸荠	*Eleocharis dulcis*
芋	*Colocasia esculenta*
水芹	*Oenanthe javanica*
桃	*Prunus persica*
柑橘	*Citrus reticulata*
梨	*Pyrus* spp.
葡萄	*Vitis vinifera*
柿	*Diospyros kaki* Thunb.
猕猴桃	*Actinida chinensis* Planch
石榴	Punica granatum
西瓜	*Citrullus lanatus*
甜瓜	*Cucumis melo*
草莓	*Fragaria ananassa* Duch.
茶	*Camellia sinensis*